普通高等院校数据科学与大数据技术专业"十三五"规划教材

数据科学与数学建模

主　编　郝志峰
副主编　李　杨　刘小兰　廖　芹

华中科技大学出版社
中国·武汉

内 容 简 介

本书内容分为 8 章,基本涵盖了目前较为常用的数据科学建模方法,包括现在热门的深度学习。书中不仅介绍了模型的理论基础,还将大量案例与现实数据结合,为读者展示数据分析中常见任务的处理流程,如分类、回归、聚类、推荐、图片识别等,帮助读者应用这些模型和方法解决实际问题。

第 1 章首先对数据科学的任务和重要性进行了概述,接着介绍数据科学的建模流程以及 Python 语言开发环境与常用库;第 2 章介绍了回归模型,包括线性回归和逻辑回归模型;第 3 章介绍了聚类模型,包括 K-means 算法、DBSCAN 算法和 DIANA 算法;第 4 章介绍了关联规则分析,包括 Apriori 算法和 FP-Growth 算法;第 5 章介绍了决策树模型,包括 ID3、C4.5 和 CART 算法及树的剪枝方法;第 6 章介绍了支持向量机,包括线性和非线性支持向量机以及支持向量机的求解与多分类问题;第 7 章介绍了贝叶斯网络,包括朴素贝叶斯网络、TAN 贝叶斯网络和无约束贝叶斯网络;第 8 章介绍了深度学习,包括卷积神经网络和循环神经网络。

图书在版编目(CIP)数据

数据科学与数学建模/郝志峰主编. —武汉:华中科技大学出版社,2019.1
ISBN 978-7-5680-4935-1

Ⅰ. ①数… Ⅱ. ①郝… Ⅲ. ①数据模型-高等学校-教材 Ⅳ. ①TP311.13

中国版本图书馆 CIP 数据核字(2019)第 020601 号

数据科学与数学建模   郝志峰 主编
Shuju Kexue yu Shuxue Jianmo

策划编辑:李 露 廖佳妮
责任编辑:李 露
封面设计:原色设计
责任校对:李 弋
责任监印:赵 月
出版发行:华中科技大学出版社(中国·武汉)   电话:(027)81321913
         武汉市东湖新技术开发区华工科技园   邮编:430223
录   排:华中科技大学惠友文印中心
印   刷:武汉市洪林印务有限公司
开   本:787mm×1092mm 1/16
印   张:10.75
字   数:262 千字
版   次:2019 年 1 月第 1 版第 1 次印刷
定   价:26.80 元

　　数据科学与大数据技术专业作为一个热门专业,近年来引起了相关高校的关注,不少高校纷纷设立此专业。数据科学与大数据技术专业在 2016 年仅有 3 所高校(北京大学、对外经济贸易大学和中南大学)获批,2017 年 3 月又有 32 所院校获批,包括编者所在的佛山科学技术学院,2018 年又有 248 所院校获批。在 2018 年,教育部又设置了大数据管理与应用专业。可以预计,随着大数据与人工智能相关专业的兴起,数据科学课程的教学改革面临着诸多新的问题。而教育部 2018 年发布的《普通高等学校本科专业类教学质量国家标准》,对以数据科学与大数据技术专业为代表的专业人才培养方案提出了挑战。

　　编者郝志峰等曾出版《数据挖掘与数学建模》,该教材在华南理工大学应用数学专业(应用软件方向)、信息管理与信息系统专业的本科生教学中使用了近十年,也曾作为中国移动通信广东分公司的管理层培训材料,受到了广泛的欢迎。该教材结合具体的案例,从学习者的角度,渐进式地把大数据挖掘的技术和方法展示出来,使学习者有学习的热情。因此,大数据挖掘与数学建模的教学改革成了新的研究方向。不过,大数据挖掘所呈现出的不确定性,使得建模的价值,包括数学方法建模(简称数学建模)的价值,打了些折扣。本课程从大数据挖掘中,提炼出了科学的、可教学的、有模型的内容,将这些内容整合为一门数据科学与大数据技术专业的基础课呈现出来。这门课程的教材就是《数据科学与数学建模》。

目录
CONTENTS

第8章　深度学习　/137

8.1　概述　/137
8.2　多层感知机　/140
8.3　卷积神经网络　/147
8.4　循环神经网络　/150
8.5　构建卷积神经网络模型对 CIFAR 图片数据集分类　/152
8.6　TensorFlow 的基本用法　/157

参考文献　/161

第1章 绪 论

1.1 数据科学概述

随着信息化建设的发展以及信息技术的应用,各领域都积累了海量的数据,大数据时代已经来临!而数据科学研究的核心内容就是数据。从结构化程度看,数据可分为结构化数据、半结构化数据和非结构化数据三种。结构化数据主要是指在传统关系型数据库中获取、存储、计算和管理的数据;半结构化数据介于结构化和非结构化数据之间,包括 HTML、XML 等数据;非结构化数据包括自然语言、电子邮件、音频、视频、图像等。仅仅是量大的数据并不能算是大数据,大数据的特征可以用 4 个 V 来描述:数据量大(Volume)、数据种类多(Variety)、价值密度低(Veracity)、速度快时效高(Velocity)。在大数据背景下,数据在人们的生活中必将发挥越来越大的作用。数据科学作为一门蓬勃发展的学科,它关注的是在大数据时代,如何运用与数据相关的技术和理论使数据发挥出更大的价值。

数据科学的研究范畴涉及数学、统计和计算机科学等学科,数学的基础知识包括线性代数、概率论、微积分和计算方法等,计算机科学的基础知识包括数据库、分布式系统、数据可视化技术等。此外,还包括统计学习、机器学习等学科,以及其他领域的知识。

数学建模是人们理解数据的重要途径之一,也是数据科学中的重要工具。数学模型是指在特定目标下,对特定对象的内在变化规律进行特征提取、假设表示、数学应用,从而得到的一个用数学符号表示各量关系的数学结构。统计分析方法是建立数学模型的常用方法。由于统计分析方法是从实验数据切入建模,所以当数据信息特征变化时,可以通过让学习形式变化,从而使模型参数也随之变化,即在一定条件下考虑了自适应数据特征变化以调整模型参数的特点,当采集样本扩大时,要通过对样本的不断学习,逐步调整模型参数,使模型能适应全域样本信息的安全评价。因此,统计分析方法在数学建模中具有更广泛的应用。

数据科学在不同领域得到了广泛的应用,并发挥了巨大的作用。

在商业领域,沃尔玛的"啤酒与尿布"是应用研究商品关联关系的"购物篮分析法"的一个经典案例。除此之外,在推荐场景中,阿里巴巴使用深度强化学习与自适应在线学习,通过持续机器学习和模型优化建立决策引擎,对海量用户行为以及百亿级商品特征进行实时分析,帮助每一个用户迅速发现宝贝,提高人和商品的配对效率,通过个性化推荐提高消费的概率。

在生物医学领域,"谷歌流感预测"是谷歌 2008 年推出的用于预警流感的即时网络服务。与美国疾病控制和预防中心通常需要花费数星期整理并发布流感疫情报告不同,谷歌的流感趋势报告每日更新。谷歌在美国的九个地区做了测试,并且发现它可比疾病控制和预防中心提前 7~14 天准确预测流感的爆发。谷歌的预测依据是汇总过的谷歌搜索数据,搜索"流感"相关主题的人数与实际患有流感症状的人数之间存在着密切的关系。在医疗服务行业,随着医疗过程的电子化和数据化,医疗数据的增长也出现了井喷,这给"智慧医疗"的发展带来了契机,从临床业务到新药研发,从疾病预警到愈后监控,数据科学都得到了越来越广泛的应用,这些应用降低了医疗成本、改善了患者体验。

在智慧城市领域,瑞典首都斯德哥尔摩的"智能交通"项目,引入了 IBM 的"InfoSphere Streams"流计算平台,通过对装载 GPS 终端的出租车实时回传的位置数据进行实时分析,得出实时的道路拥堵状况,实现了为城区的通行车辆提供回避拥堵路线服务。应用此平台后,城市温室气体排放量减少了 10%,交通拥堵率减少了 20%,居民的外出开车时间也缩短了 50%。在中国,百度公司开发的"百度迁徙",利用百度地图 LBS(基于位置服务)开放平台、百度天眼,对其拥有的 LBS 大数据进行计算分析,可以直观地展示节假日、小长假期间人口流动的趋势,是智慧城市中以"人群迁徙"为主题的大数据分析与可视化平台。

在影视娱乐领域,美国影视租赁公司 Netflix 在《纸牌屋》这部剧播放之前,就通过对海量的用户数据的分析成功预测了这部剧的走红,提前购买了版权。《纸牌屋》的数据库包含了 3000 万个用户的收视选择、400 万条评论、300 万次主题搜索。最终,拍什么、谁来拍、谁来演、怎么播,都由数千万观众的喜好统计决定。可以说,《纸牌屋》的成功得益于 Netflix 对海量用户数据的积累和分析。

就连围棋这一人类传统强势项目的世界冠军,也被人工智能围棋机器人 AlphaGo 打败。2016 年 3 月,AlphaGo 与围棋世界冠军、职业九段棋手李世石进行围棋人机大战,并以 4:1 的总比分获胜。AlphaGo 的主要工作原理是深度学习,并结合了监督学习和强化学习的优势,通过训练形成一个策略网络(policy network),将棋盘上的局势作为输入信息,并对所有可行的落子位置生成一个概率分布。然后,训练出一个价值网络(value network)对自我对弈进行预测,以 -1(对手的绝对胜利)到 1(AlphaGo 的绝对胜利)的标准,预测所有可行落子位置的结果。这两个网络自身都十分强大,而 AlphaGo 将这两个网络整合进基于概率的蒙特卡罗树搜索(MCTS)中,实现了它真正的优势。

1.2　数据科学的建模流程

获取数据→数据分析和可视化→数据准备→建立模型→结果评估是进行数据科学建模的基本流程,在应用过程中可根据实际情况增加或减少步骤,有时也会重复进行某几个步骤,需要数据科学工作者依据自身经验和知识具体实施,本书在案例实现中基本遵循这一流程。

1. 获取数据

获取数据是进行数据科学建模的第一步。从很多网站可以获取免费或收费的数据集。例如,UCI 数据集的网站上就有很多面向不同分析任务的公开数据集。网址为 http://archive.ics.uci.edu/ml/datasets.html。

其他数据来源还包括一些数据挖掘竞赛官网、学术论文以及技术博客等,如阿里天池大数据竞赛官网(网址为 https://tianchi.aliyun.com/),在每个赛题中都可以下载相对应的数据集。

以获取 UCI 数据集为例,在 UCI 网站上,每个数据集所对应的网页会包含以下信息。

· 数据集特征(data set characteristics):多变量(multivariate)、文本(text)、时间序列(time-series)、空间数据集(spatial)等。

· 属性特征(attribute characteristics):分类属性(categorical)、实数(real)、整数(integer)等。

· 相关任务(associated tasks):分类、聚类、回归分析等。

· 实例数目(number of instances)。

· 属性数目(number of attributes)。

· 是否有缺失值(missing values?)。

· 领域(area)。

· 数据捐赠日期(date donated)。

· 网络点击次数(number of web hits)。

· 数据集下载链接。

· 相关的论文成果。

2. 数据分析和可视化

获取数据后,需要对数据进行分析和可视化,以便对数据的分布等特性有一个大致的了解。可以对数据进行具有统计学意义的计算,来获得一些统计学系数。

例如,对鸢尾花数据集的统计结果如表 1.1 所示。

表 1.1 鸢尾花数据集统计结果

	最小值	最大值	均值	标准差	类别相关系数
花萼长度	4.3	7.9	5.84	0.83	0.7826
花萼宽度	2.0	4.4	3.05	0.43	−0.4194
花瓣长度	1.0	6.9	3.76	1.76	0.9490
花瓣宽度	0.1	2.5	1.20	0.76	0.9565

数据可视化也是数据分析中必不可少的工具,可以通过绘制盒须图来可视化一组数据的统计信息,体现最大值、最小值、中位数以及四分位数等。

图 1.1 中标示了盒须图中每条线的含义。

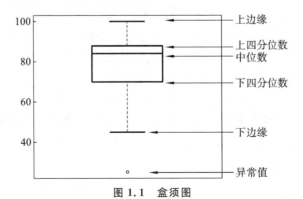

图 1.1 盒须图

长方形盒子的顶部和底部分别是上、下四分位数,上、下四分位数是指数据按值排序后处于25%和75%位置上的数据值。上边缘和下边缘的两条横线分别是最大值和最小值,超出上、下边缘的部分被认为是异常值,在盒子内的数据被认为是大多数数据所在的地方(占50%以上),再结合中位数,可以直观地看出数据的分布情况。

有些情况下,统计信息并不能完整地揭示数据的所有特性。例如,统计学家F. J. Anscombe构造了四组在统计特性上极为相似的数据集(X,Y),X的均值都为9.0,Y的均值都为7.5;X的方差都为10.0,Y的方差都为3.75;X,Y的相关度都为0.816,线性拟合结果都为$Y=3+0.5X$,仅以统计学指标难以区分四组数据之间的差异。

图1.2利用散点图可视化这四个数据集,在每个散点图中,横坐标表示X,纵坐标表示Y,每一个点代表一个数据,把所有数据点绘制在二维平面上,可以用来观察数据的分布。可以从散点图上明显地看出四组数据在分布上的不同。

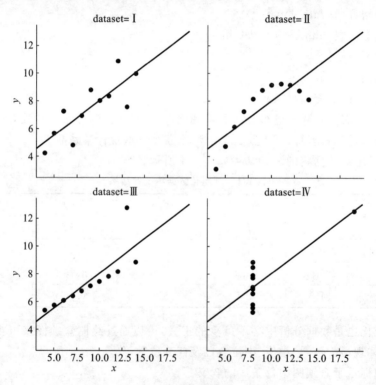

图1.2   四组数据的散点图

散点图矩阵是散点图的扩展,可以用于多维变量的数据可视化,对于n维的数据,采用n^2个散点图逐一表示n个属性之间的两两关系,可揭示数据特定属性上的分布特点。图1.3展示了一个四维数据(100多种花的四个属性)的散点图矩阵实例。

平行坐标(parallel coordinates)采用相互平行的坐标轴,每个坐标轴代表数据的一个属性。对于高维数据,可以利用平行坐标可视化方法,通过变换纵轴的排列顺序,观察数据特征之间的关系,如图1.4(图片来源:http://visual.ly/nutrient-content-parallel-coordinates)所示。

3. 数据准备

对数据的特性进行分析之后,需要对数据进行预处理,例如,利用插值等方法处理数据

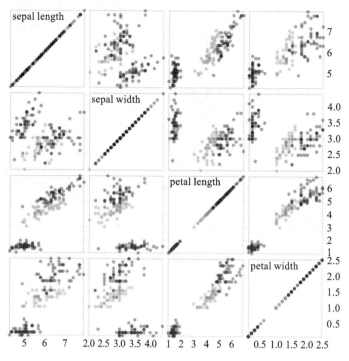

图 1.3　多维数据的散点图

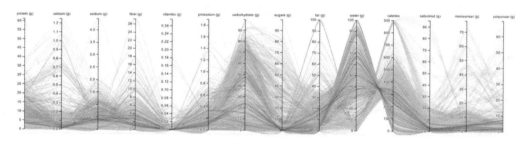

图 1.4　高维数据的平行坐标图

中的缺失特征,利用抽样减少数据集的大小,删除一些异常数据或无用特征,对某些特征进行联合、拼凑、清理等处理。

4. 建立模型

根据数据分析的具体任务、数据的特性(噪声大小、值的分布状况等),设计合适的模型对数据集建模,并进行参数调优等工作。

5. 结果评估

最后需要对建立的模型进行评估。例如,在分类问题中,模型可以用于预测一条数据最有可能属于哪一类,将预测结果和实际类别进行对比,看看模型预测的分类是否准确,可以得到分类准确率。在回归问题中,对于一条数据,也可对模型预测的值和这条数据的实际值进行对比。为了进行更有说服力的对比,训练数据集和测试数据集最好没有太多的交集。交叉验证法、留出法等是常用的划分训练集、测试集的方法。

交叉验证的基本思想是先将原始数据分组,一部分作为训练集,另一部分作为测试集,首先用训练集对模型进行训练,再利用测试集对模型的预测结果进行评测,以此来作为评价模型准确率的指标。例如,10 折交叉验证将初始样本等分为 10 个子样本,每一个子样本作为一次测试集,其他 9 个样本作为训练集,重复 10 次,得到 10 组评测指标,将最终的平均值或者加权值作为评测结果。10 折交叉验证的数据划分如图 1.5 所示。

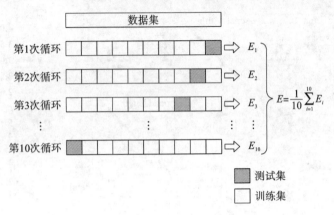

图 1.5　10 折交叉验证的数据划分

1.3　Python 语言开发环境与库入门

1.3.1　开发环境

使用 Python 语言进行数据分析和建模,首先要安装 Python 开发环境。目前 Python 有 2.x 和 3.x 两个版本。考虑到越来越多的人已经由 2.x 转向使用 3.x,本书代码均在 3.x 版本下开发。

以 Windows 操作系统为例,打开 Python 官网 https://www.python.org/downloads/windows/,根据自己的操作系统版本选择可执行安装程序或下载压缩包,下载完成后按提示安装到本机指定路径下,并把该路径加入到 Windows 系统的环境变量 Path 中。

安装 Python 以后,打开 Python 命令行交互环境,进行 Python 代码的编写。打开系统的命令行(cmd.exe),如果已经配置好系统的环境变量,输入 Python 即可进入与 Python 交互的命令行。如果出现找不到该命令的错误,请先检查自己的环境变量是否配置正确。输入 exit()退出 Python 交互环境,回到系统命令行。

使用 Python 命令行交互环境的优点是可以即时得到运行结果,缺点在于无法进行保存操作。如果需要一段重复运行的代码,命令行交互就显得无能为力了。除了命令行,还可以使用文本编辑器来编写代码,可以把代码写在一个文本文件中,并将其保存为扩展名是 .py 的文件。使用 Python 加文件路径的命令即可运行这些代码。

除了命令行和文本编辑器,还可以使用 PyCharm 等集成开发环境(IDE)进行 Python 代码的编写和调试。PyCharm 可以从官网 https://www.jetbrains.com/pycharm/下载,社区版(community)是免费的并且可以满足基本的开发需求。

　　下载安装完成后打开 PyCharm，PyCharm 以项目为单位进行管理，创建一个 Python 项目，单击 File→New Project，选择 Pure Python，填写项目存放的路径和名字，PyCharm 会扫描系统存在的 Python 解释器，选择安装好的 Python，点击 Create 进行创建，如图 1.6 所示。

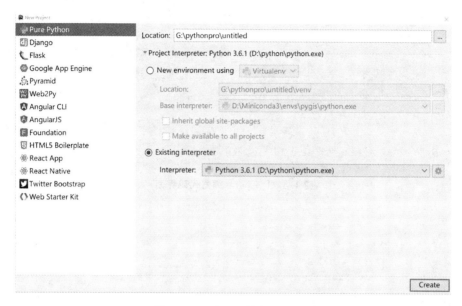

图 1.6　PyCharm 创建项目界面

　　创建项目后，进入主界面，在左侧的项目导航栏中选择刚刚创建的项目，右击，选择 New→Python File 创建一个文件，并命名为 example.py，如图 1.7 所示。

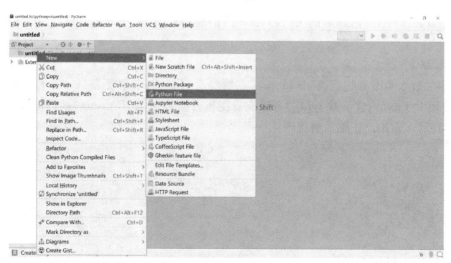

图 1.7　PyCharm 创建文件界面

　　开始进行代码的编写，如图 1.8 所示。

　　完成编写后右击编写界面，点击 Run 运行程序，界面下方会输出程序的运行结果，如图 1.9 所示。

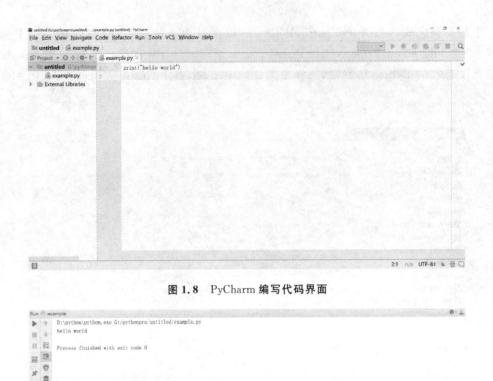

图 1.8   PyCharm 编写代码界面

图 1.9   PyCharm 运行结果界面

1.3.2   基本语法

本节介绍 Python 的基本语法。Python 的语法相对简单,变量不需要定义就可以直接使用。

1. 数据类型

基本的数据类型有整数类型(int)、浮点数类型(float)、布尔类型(bool)和字符串类型(str),使用 Python 内置函数 type()可以查看变量数据类型,使用 print()函数可以打印数据的值或类型,下面给出一些示例代码。

```
Myval1= 10+ 2
Myval2= 2.66* 4
Myval3= True
Myval4= "pythonStr"
print(Myval1)
print(Myval2)
print(Myval3)
print(Myval4)
print(type(Myval4))
print("hello world")
```

2. 运算符

Python 中的运算符与大多数编程语言的运算符类似,包括算术运算符、关系运算符、赋值运算符、逻辑运算符。下面给出一些示例代码。

```
Myval1= 2+ 2                    # 加法运算
print(Myval1* * 2)             # 指数幂运算
Myval2= 3                       # 赋值运算
print(Myval1/Myval2)           # 除法运算
print(Myval1//Myval2)          # 地板除,删除小数点后的商
Myval3= 2> 1                    # 关系运算
Myval4= 2= = 3                  # 关系运算
Myval5= Myval3|Myval4           # 逻辑运算
print(Myval3)
print(Myval4)
print(Myval5)
```

3. 控制语句和代码块

与 C 语言中使用{}限定一个代码块不同,Python 的语法中利用缩进完成同样的功能,下面给出 Python 选择和循环语句的例子。

```
a= True
if a:
  print("true value")
else:
  print("false value")


for i in range(5):
  if(i= = 3):
      break                    # 当 i 等于 3,退出循环
  else:
      print(i)
```

4. 容器类型

Python 中有两种比较重要的容器类型:List 和 Dict。

List 是一个有序列表,可以用于存放任意类型的对象,包括自定义对象,使用 append()函数将对象加到列表尾。下面创建一个 List,并向其中加入元素。

```
a= [1,5,3]
a.append(7)
a.append("iu")
print(a)
```

也可以简单地对列表进行索引、切片、拼接,示例如下。

```
a= [1,2,3,4,5]
b= [6,7,8]
print(a[2])
print(a[1:4])
c= a+ b
print(c)
```

可以使用内置函数 len()返回容器类型的元素个数,使用 for 循环可以方便遍历列表

List，示例如下。

```
print(len(c))
for i in c:
  print(i)
```

Dict 则是 Dictionary（字典）的缩写，里面存放的数据是一个个无序的键值对（key/value），下面创建一个 Dict，并加入一些元素。

```
a= {1:"value1",2:"value2"}
a[3]= "value3"
a["test"]= 23
print(a)
```

通过字典名字和 key 可以获得对应的值：

```
print(a["test"])
```

1.3.3　常用库和功能

本节介绍利用 Python 进行数据分析、科学计算时常用的库及其功能。使用 pip 软件的"pip install＋库名"可以进行 Python 第三方库的安装。

1. Numpy

Numpy 常用于进行与线性代数相关的运算，支持高维数组、矩阵等数据类型，并且提供了大量相关的函数。Numpy 内部运算由 C 语言实现，因此运算速度十分快。要想使用它，首先要导入 Numpy 库，一般约定导入时的别名为 np：

```
import numpy as np
```

Numpy 中有两种重要的数据类型，分别是数组和矩阵。首先创建一个二维数组（numpy.ndarray），打印该数组的元素类型、形状、大小：

```
array= np.arange(6).reshape(2,3)
print(array)
print(array.dtype)
print(array.shape)
print(array.size)
```

通过 Numpy 中的数组可以批量进行数据运算，下面对数组与标量进行数学运算，这些运算相当于对数组内的每一个元素都进行运算：

```
array1= array+ 2
array2= array* * 2
print(array1)
print(array2)
```

Numpy 中的数组也可以进行索引和切片。对一维数组而言，索引和切片方式与 Python 中的 List 相同。对于高维数组，可以使用逗号隔开不同维度的索引来访问某个元素：

```
print(array[1,2])
```

如果忽略掉后面的索引，会返回比高维数组维度低一点的数组：

```
print(array[1])
```

当数组为二维数组时，可以把它看作一个矩阵，进行线性代数相关运算，先创建一个二维数组：

```
arr= np.array([[2,4,1],[1,2,4],[2,1,1]])
```

对二维数组进行转置：

```
arr1= arr.T
```

两个二维数组可以进行矩阵乘法（点积）运算：

```
print(np.dot(arr,arr1))
```

numpy.linalg 中包含了一些常用的运算函数，比如求矩阵行列式、求矩阵的逆、计算奇异值分解等，如：

```
from numpy.linalg import inv
a= np.array([[3,1],[2,4]])
b= inv(a)
print(a)
print(b)
print(np.dot(a,b))
```

最后介绍 Numpy 中的矩阵（numpy.matrix），矩阵其实可以看作是特殊的二维数组，为了简化矩阵运算的代码书写，Numpy 提供了这个数据类型，使用 * 时即计算矩阵内积。matrix 可以借助 np.asarray() 函数转换为 ndarray，建议使用通用性更强的 ndarray。

2. pandas

pandas 是基于 Numpy 构建的，可以用于简单、快捷地处理大型数据集，对数据集进行关系型运算，它可以灵活地处理时间序列和缺失数据。

首先导入 pandas 库：

```
import pandas as pd
```

pandas 中有两种重要的数据结构：Series 和 DataFrame。Series 由一组数据与这组数据的索引构成。下面利用一组数据生成一组 Series：

```
series= pd.Series([4,1,2,4])
print(series)
```

打印输出 Series 可以看到创建的数据及索引，由于创建时没有指定，函数会自动创建一组以 0 开始的自然数序列索引。可以在使用 Series 时指定 index 参数创建索引，也可以在创建后根据需要自行更改索引：

```
myIndex= ['a','b','c','d']
series.index= myIndex              # 令索引值为['a','b','c','d']
print(series)
```

对数据进行索引、筛选、排序：

```
print(series['a'])                 # 打印索引值为'a'的数据值
print(series[series> 1])           # 打印值大于 1 的数据
print(series.sort_values())        # 按数据值的大小顺序打印
```

此外，还可以方便地使用 Numpy 库的函数批量地处理这些数据：

```
print(np.exp(series))              # 对 series 的每个数据进行指数运算
```

除了 Series 外，pandas 还提供了一种更通用、类似于表格类型的数据结构 DataFrame。首先用字典创建一个 DataFrame：

```
df= pd.DataFrame({'name':['vivi','cici','gigi'],'age':[17,19,20],
'height':[1.6,1.7,1.8]})
print(df)
```

通过以上代码成功创建一个三列三行的 DataFrame，可以把 DataFrame 看成是多列的 Series，这些 Series 共用一个索引 index，使用表名和列名可以获取单独的一个 Series：

```
print(df['age'])
```

可以使用 pandas 进行数据清洗，通过 pd.read_csv() 函数，可以读取.csv 文件里保存的表格，可以指定文件路径、文件编码等参数：

```
df= pd.read_csv(r"test.csv",encoding= "utf- 8")
```

读取数据后，可以用 head() 函数查看表的前几行数据：

```
print(df.head())
```

使用 drop_duplicates() 函数可以删除重复的样本：

```
# 删除姓名相同的样本,保存最后一项,并更新 DataFrame
df.drop_duplicates(subset= ["name"],inplace= True,keep= "last")
print(df)
```

使用 drop() 函数可以删除指定的列：

```
df.drop(columns= ["id"],inplace= True)      # 删除 id 列,并更新 DataFrame
print(df)
```

还可以根据需求筛选数据：

```
# 筛选 class 列的值为 5 且 gender 列的值为 1 的数据
sub_df1= df[(df["class"]= = 5)&(df["gender"]= = 1)]
# 筛选"birthday"字段以"1998"开头的数据
sub_df2= df[df['birthday'].str.startswith('1998')]
print(sub_df1)
print(sub_df2)
```

使用 to_csv() 函数把使用 pandas 处理后的表格保存到硬盘上：

```
df.to_csv(r"output.csv",encoding= "utf- 8",index= False)
```

第2章 回归模型

2.1 概 述

回归是由英国著名生物学家兼统计学家高尔顿(Galton)在研究人类遗传问题时提出来的。为了研究父代与子代身高的关系,高尔顿搜集了 1078 对父亲和儿子的身高数据。他发现这些数据的散点图大致呈直线状态,且发现了一个很有趣的现象——回归效应,即人类身高的分布相对稳定,不产生两极分化。高尔顿依据实验数据还推算出儿子身高(y)与父亲身高(x)的关系式为

$$y = 0.8567 + 0.516x \quad (\text{单位:m}) \tag{2.1}$$

式(2.1)代表的是一条直线,称为回归直线,相应的统计分析称为回归分析。

回归分析(regression analysis)是应用极其广泛的数据分析方法之一,在儿童的体表面积预测、影响房价的因素分析、互联网广告媒体访问量的预测、通货膨胀问题分析等方面都有应用。它基于观测数据建立变量间适当的依赖关系,以分析数据内在规律,并可用于预测、控制等。回归分析试图从实际数据中寻找某种规律,表现为建立可观测的因素变量$(x_1, x_2, \cdots, x_p)$与变量 Y(因变量)之间的确定性或不确定性关系,即

$$Y = f(x_1, x_2, \cdots, x_p) + \varepsilon \tag{2.2}$$

$$y = E(Y) = f(x_1, x_2, \cdots, x_p) \tag{2.3}$$

其中,ε、Y 是随机变量,$\varepsilon \sim N(0, \sigma^2)$。如果 $f(x_1, x_2, \cdots, x_p)$ 关于 $x_1, x_2, \cdots, x_p$ 是线性的,则

$$Y = f(x_1, x_2, \cdots, x_p) + \varepsilon = \beta_0 + \sum_{i=1}^{p} \beta_i x_i + \varepsilon \tag{2.4}$$

因此,由于 ε 具有不确定性,线性回归分析通过研究式(2.3)的确定性关系来研究式(2.2)的不确定性关系,主要问题是通过估计其中的未知参数 $\beta_i (i = 0, 1, \cdots, p)$ 来获取 y 的估计量 $\hat{y}$,并进行预测或控制。

2.2 线 性 回 归

2.2.1 一元线性回归

一元线性回归模型为

$$\begin{cases} Y = \beta_0 + \beta_1 x + \varepsilon, \\ \varepsilon \sim N(0, \sigma^2) \end{cases}, \quad \text{即 } Y \sim N(\beta_0 + \beta_1 x, \sigma^2) \tag{2.5}$$

其中,β_0、β_1 和 σ^2 均未知。式(2.5)表明,因变量 Y 的变化可由两部分解释:第一,由自变量 x 的变化引起 Y 的线性变化部分,即 $\beta_0 + \beta_1 x$;第二,由其他随机因素引起 Y 的变化部分,即 ε。其中,参数 β_0 和 β_1 称为一元线性回归的回归系数。要解决的问题可归纳为以下几个方面。

(1) 求一元线性回归方程 $\hat{y} = \hat{\beta}_0 + \hat{\beta}_1 x$,主要是求参数 β_0 和 β_1 的估计量 $\hat{\beta}_0$ 和 $\hat{\beta}_1$。

(2) 一元线性回归方程的有效性检验,主要是单个因素变量线性检验与全部变量线性检验。

(3) 一元线性回归方程的应用,主要是利用所求的关系式对某一生产过程进行预测或控制。

2.2.1.1　一元线性回归方程的参数估计

已知观测值为 $(x_i, y_i)(i = 1, 2, \cdots, n)$,假定其满足如下一元线性回归模型:

$$\begin{cases} y_i = \beta_0 + \beta_1 x_i + \varepsilon_i, i = 1, 2, \cdots, n \\ \varepsilon_i \sim N(0, \sigma^2), i = 1, 2, \cdots, n \\ \text{Cov}(\varepsilon_i, \varepsilon_j) = 0, i \neq j, i, j = 1, 2, \cdots, n \end{cases}$$

问题转化为如何利用现有的观测数据来求得参数 β_0 和 β_1 的值,使 $f(x) = \beta_0 + \beta_1 x$ 更接近实际值 y。最常用的准则是基于误差平方和最小的最小二乘法。用最小二乘法的好处是计算比较方便,得到的估计值具有优良特性。

最小二乘法的目标为

$$\min_{\beta_0, \beta_1} Q(\beta_0, \beta_1) = \sum_{i=1}^{n} [y_i - (\beta_0 + \beta_1 x_i)]^2 \tag{2.6}$$

有

$$\begin{cases} \dfrac{\partial Q(\beta_0, \beta_1)}{\partial \beta_0} = -2 \sum_{i=1}^{n} (y_i - \beta_0 - \beta_1 x_i) = 0 \\ \dfrac{\partial Q(\beta_0, \beta_1)}{\partial \beta_1} = -2 \sum_{i=1}^{n} (y_i - \beta_0 - \beta_1 x_i) x_i = 0 \end{cases} \tag{2.7}$$

将满足上述方程的解记为 $\hat{\beta}_0$ 和 $\hat{\beta}_1$,可以求得

$$\begin{cases} \hat{\beta}_1 = \dfrac{l_{xy}}{l_{xx}} = \dfrac{\sum\limits_{i=1}^{n} (x_i - \overline{x})(y_i - \overline{y})}{\sum\limits_{i=1}^{n} (x_i - \overline{x})^2} \\ \hat{\beta}_0 = \overline{y} - \hat{\beta}_1 \overline{x} \end{cases} \tag{2.8}$$

其中,$\overline{x} = \dfrac{1}{n} \sum\limits_{i=1}^{n} x_i, \overline{y} = \dfrac{1}{n} \sum\limits_{i=1}^{n} y_i$。$\hat{\beta}_0$ 和 $\hat{\beta}_1$ 为 β_0 和 β_1 的最小二乘估计(least square estimation, LSE),$\hat{y} = \hat{\beta}_0 + \hat{\beta}_1 x$ 为 $y = E(Y) = f(x)$ 的回归方程。

2.2.1.2　一元线性回归方程的统计检验

通过样本数据建立的回归方程一般不能立即用于对实际问题的分析和预测,通常需要进行各种统计检验,包括回归方程的显著性检验、回归系数的显著性检验、回归方程的拟合优度检验等。其中回归方程的显著性检验是指检验因变量与所有自变量之间的线性关系是否显著,用线性模型来描述它们之间的关系是否恰当;回归系数的显著性检验是指检验每个

自变量与因变量之间是否存在显著的线性关系；回归方程的拟合优度检验是指检验样本数据点聚集在回归线周围的密集程度，用以评价回归方程对样本数据的代表程度。

对于一元线性回归方程，由于其只有一个自变量，因此回归方程的显著性检验就是回归系数的显著性检验。要验证回归模型的假设 $(y = \beta_0 + \beta_1 x)$ 是否成立，可将问题转化为对系数 β_1 提出假设，即

$$H_0 : \beta_1 = 0, \quad H_1 : \beta_1 \neq 0$$

然后判断 H_0 是否成立，这就是假设检验问题。下面介绍 3 种检验方法。

1. 相关系数检验法

在概率论中，相关系数(correlation coefficient)的计算公式为

$$r = \frac{\mathrm{Cov}(X, Y)}{\sqrt{\mathrm{DX} \cdot \mathrm{DY}}} \tag{2.9}$$

其中，$\mathrm{Cov}(X, Y)$ 表示随机变量 X 与 Y 的协方差，DX 和 DY 分别表示随机变量 X 与 Y 的方差，r 是反映随机变量 X 与 Y 呈线性关系程度的一个度量指标。r 的取值范围是 $0 \leqslant |r| \leqslant 1$，当 $|r|$ 接近于 1 时，变量 X 与 Y 呈密切线性相关；当 $|r|$ 接近于 0 时，变量 X 与 Y 呈非线性相关；当 $0 < |r| < 1$ 时，变量 X 与 Y 存在一定的线性关系。计算 r 时需要用到两个变量 (X, Y) 的联合分布函数，而往往事先并不知道它们的分布规律，因此，需用样本相关系数去估计 r。样本相关系数的计算公式为

$$\hat{r} = \frac{\sum_{i=1}^{n} (x_i - \overline{x})(y_i - \overline{y})}{\sqrt{\sum_{i=1}^{n}(x_i - \overline{x})^2} \sqrt{\sum_{i=1}^{n}(y_i - \overline{y})^2}} = \frac{l_{xy}}{\sqrt{l_{xx} l_{yy}}} \tag{2.10}$$

其中，x_i 和 y_i 分别是变量 X 和 Y 的样本观测值，$\overline{x}$ 和 $\overline{y}$ 分别是变量 X 和 Y 样本观测值的平均值，$|\hat{r}|$ 是 r 的一个点估计值，$0 \leqslant |\hat{r}| \leqslant 1$。

同理分析，当 $|\hat{r}|$ 接近于 1 时，表明 X 与 Y 的线性关系显著；当 $|\hat{r}|$ 接近于 0 时，表明 X 与 Y 的线性关系不明显，随机因素起主要作用，或者 X 与 Y 之间可能存在着非线性关系，或者 X 与 Y 之间根本不存在什么关系；当 $0 < |\hat{r}| < 1$ 时，表明 X 与 Y 之间存在线性相关，但只有当 $|\hat{r}|$ 大到一定程度时，才能认为 X 与 Y 之间的线性关系密切，此时认为相关系数是显著的，所求的回归直线方程才有意义，否则方程无意义。那么，$|\hat{r}|$ 究竟大到什么程度时，X 与 Y 才算线性关系密切呢？

对于给定的显著性水平 α，查相关系数临界值表，可得临界值 $r_\alpha(n-2)$。检验上述原假设 $H_0 : \beta_1 = 0$，其拒绝域为 $\kappa_0 = [|\hat{r}| > r_\alpha(n-2)]$。

2. F 检验法

平方和分解公式为

$$\sum_{i=1}^{n}(y_i - \overline{y})^2 = \sum_{i=1}^{n}(y_i - \hat{y}_i)^2 + \sum_{i=1}^{n}(\hat{y}_i - \overline{y})^2 \tag{2.11}$$

或记为 $S_T^2 = S_E^2 + S_R^2$，其中，$S_E^2 = \sum_{i=1}^{n}(y_i - \hat{y}_i)^2$ 称为残差平方和(residual sum of squares)，$S_R^2 = \sum_{i=1}^{n}(\hat{y}_i - \overline{y})^2$ 称为回归平方和(regressive sum of squares)。考虑检验假设 $H_0 : \beta_1 = 0$，$H_1 : \beta_1 \neq 0$，在 H_0 为真时，可证明

$$F = \frac{S_R^2/1}{S_E^2/(n-2)} = \frac{\hat{\beta}_1 l_{xx}}{S_E^2/(n-2)} \sim F(1, n-2) \tag{2.12}$$

对于给定的显著性水平 α,H_0 的拒绝域为 $\kappa_0 = [F > F_{1-\alpha}(1, n-2)]$。

3. t 检验法

对假设 $H_0 : \beta_1 = 0$,$H_1 : \beta_1 \neq 0$,在 H_0 为真时,可证明

$$T = \frac{\hat{\beta}_1 \sqrt{l_{xx}}}{\sqrt{S_E^2/(n-2)}} \sim t(n-2) \tag{2.13}$$

对于给定的显著性水平 α,H_0 的拒绝域为 $\kappa_0 = \left[|T| > t_{1-\frac{\alpha}{2}}(n-2) \right]$。

2.2.2 多元线性回归

多元线性回归模型是指有多个自变量的线性回归模型,用于揭示因变量与其他多个自变量之间的线性关系。多元线性回归的数学模型是

$$\begin{cases} Y = \beta_0 + \beta_1 x_1 + \beta_2 x_2 + \cdots + \beta_p x_p + \varepsilon \\ \varepsilon \sim N(0, \sigma^2) \end{cases} \tag{2.14}$$

其中,$\beta_i (i = 0, 1, \cdots, p)$ 和 σ^2 均未知。式(2.14)是一个 p 元线性回归模型,其有 p 个自变量。它表明因变量的变化可由两部分解释:第一,由 p 个自变量 x 的变化引起的 Y 的线性变化部分,即

$$y = E(Y) = \beta_0 + \beta_1 x_1 + \beta_2 x_2 + \cdots + \beta_p x_p \tag{2.15}$$

第二,由其他随机因素引起的 Y 的变化部分,即 ε。β_0,β_1,β_2,$\cdots$,β_p 都是模型中的未知参数,称为回归系数,ε 为随机误差。式(2.15)称为多元线性理论回归方程,若

$$\hat{y} = \hat{\beta}_0 + \hat{\beta}_1 x_1 + \hat{\beta}_2 x_2 + \cdots + \hat{\beta}_p x_p \tag{2.16}$$

则称式(2.16)为对应式(2.15)的多元线性经验回归方程。

多元线性回归分析的主要问题如下。

(1) 求回归系数 β_i 的估计量 $\hat{\beta}_i (i = 0, 1, 2, \cdots, p)$。

(2) 求 Y 关于单个变量 $x_i (i = 1, 2, \cdots, p)$ 的线性关系的检验。

(3) 求 Y 关于所有变量 $x_i (i = 1, 2, \cdots, p)$ 的线性关系的检验。

(4) 对于多元线性回归方程的应用,主要是利用所求的关系式对某一生产过程进行预测或控制。

2.2.2.1 多元线性回归方程的参数估计

求出多元线性回归模型中的参数 β_0,β_1,β_2,$\cdots$,β_p 是多元线性回归分析的核心任务之一。多元线性回归方程未知参数的估计与一元线性回归方程的参数估计原理一样,仍然可采用最小二乘法,即在其数学模型所属的函数类中找一个近似的函数,使得这个近似函数在已知的对应数据上尽可能和真实函数接近。

设 $\hat{\beta}_0$,$\hat{\beta}_1$,$\hat{\beta}_2$,$\cdots$,$\hat{\beta}_p$ 分别是 β_0,β_1,β_2,$\cdots$,β_p 的最小二乘估计,则多元线性经验回归方程(近似函数)为

$$\hat{y} = \hat{\beta}_0 + \hat{\beta}_1 x_1 + \hat{\beta}_2 x_2 + \cdots + \hat{\beta}_p x_p \tag{2.17}$$

其中,$\hat{\beta}_0$,$\hat{\beta}_1$,$\hat{\beta}_2$,$\cdots$,$\hat{\beta}_p$ 为多元线性经验回归方程的回归系数。

已知观测值为 x_{i1},x_{i2},$\cdots$,x_{ip},$y_i (i = 1, 2, \cdots, n)$,假定其满足如下多元线性回归模型:

$$\begin{cases} y_i = \beta_0 + \beta_1 x_{i1} + \cdots + \beta_p x_{ip} + \varepsilon_i, i = 1, 2, \cdots, n \\ \varepsilon_i \sim N(0, \sigma^2), i = 1, 2, \cdots, n \\ \mathrm{Cov}(\varepsilon_i, \varepsilon_j) = 0, i \neq j, i, j = 1, 2, \cdots, n \end{cases} \tag{2.18}$$

采用最小二乘法估计未知参数 $\beta_0, \beta_1, \beta_2, \cdots, \beta_p$，其目标为

$$\min_{\beta_0, \beta_1, \cdots, \beta_p} Q(\beta_0, \beta_1, \beta_2, \cdots, \beta_p) = \sum_{i=1}^{n} (y_i - \beta_0 - \beta_1 x_{i1} - \beta_2 x_{i2} - \cdots - \beta_p x_{ip})^2 \tag{2.19}$$

记

$$\boldsymbol{y} = (y_1, y_2, \cdots, y_n)^{\mathrm{T}}, \quad \boldsymbol{\beta} = (\beta_0, \beta_1, \beta_2, \cdots, \beta_p)^{\mathrm{T}}, \quad \hat{\boldsymbol{\beta}} = (\hat{\beta}_0, \hat{\beta}_1, \hat{\beta}_2, \cdots, \hat{\beta}_p)^{\mathrm{T}}$$

$$\boldsymbol{\varepsilon} = (\varepsilon_1, \varepsilon_2, \cdots, \varepsilon_n)^{\mathrm{T}}, \quad \boldsymbol{X} = \begin{bmatrix} 1 & x_{11} & \cdots & x_{1p} \\ 1 & x_{21} & \cdots & x_{2p} \\ \vdots & \vdots & & \vdots \\ 1 & x_{n1} & \cdots & x_{np} \end{bmatrix}$$

则有

$$Q(\hat{\boldsymbol{\beta}}) = \min_{\boldsymbol{\beta}} Q(\boldsymbol{\beta}) = \parallel \boldsymbol{y} - \boldsymbol{X\beta} \parallel_2^2 \tag{2.20}$$

$\hat{\boldsymbol{\beta}}$ 为

$$\frac{\partial Q(\boldsymbol{\beta})}{\partial \boldsymbol{\beta}} = 0 \tag{2.21}$$

的解，可得

$$\boldsymbol{X}^{\mathrm{T}} \boldsymbol{y} = \boldsymbol{X}^{\mathrm{T}} \boldsymbol{X} \boldsymbol{\beta} \tag{2.22}$$

在回归分析中，一般假设 $\boldsymbol{X}$ 是列满秩，即 $\mathrm{rank}(\boldsymbol{X}) = p + 1$。因为 $\mathrm{rank}(\boldsymbol{X}^{\mathrm{T}} \boldsymbol{X}) = \mathrm{rank}(\boldsymbol{X}) = p + 1$，所以 $(\boldsymbol{X}^{\mathrm{T}} \boldsymbol{X})^{-1}$ 存在。故 $\hat{\boldsymbol{\beta}}$ 的最小二乘估计为

$$\hat{\boldsymbol{\beta}} = (\boldsymbol{X}^{\mathrm{T}} \boldsymbol{X})^{-1} \boldsymbol{X}^{\mathrm{T}} \boldsymbol{y} \tag{2.23}$$

$$\hat{\boldsymbol{y}} = \boldsymbol{X} \hat{\boldsymbol{\beta}} = \boldsymbol{X} (\boldsymbol{X}^{\mathrm{T}} \boldsymbol{X})^{-1} \boldsymbol{X}^{\mathrm{T}} \boldsymbol{y} \tag{2.24}$$

2.2.2.2　多元线性回归方程的统计检验

1. 回归方程的显著性检验

仍然利用平方和分解公式，即

$$\sum_{i=1}^{n} (y_i - \overline{y})^2 = \sum_{i=1}^{n} (y_i - \hat{y}_i)^2 + \sum_{i=1}^{n} (\hat{y}_i - \overline{y})^2 \tag{2.25}$$

或记为 $S_{\mathrm{T}}^2 = S_{\mathrm{E}}^2 + S_{\mathrm{R}}^2$，其中，$S_{\mathrm{E}}^2 = \sum_{i=1}^{n} (y_i - \hat{y}_i)^2$ 为残差平方和，$S_{\mathrm{R}}^2 = \sum_{i=1}^{n} (\hat{y}_i - \overline{y})^2$ 为回归平方和。

回归方程的显著性检验，是关于 y 与所有变量 x_i 的线性关系检验，用假设表示为

$$H_0 : \beta_1 = \beta_2 = \cdots = \beta_p = 0 \tag{2.26}$$

当 H_0 为真时，表明随机变量 y 与 $x_1, x_2, \cdots, x_p$ 之间的线性回归模型不合适。

构造 F 统计量，即

$$F = \frac{S_{\mathrm{R}}^2 / p}{S_{\mathrm{E}}^2 / (n - p - 1)} \tag{2.27}$$

可以证明，在正态假设下，当原假设 H_0 成立时，F 服从 $F(p, n-p-1)$ 分布。对于给定的数据，计算 F 值，再由给定的显著性水平 α，查 F 分布表，得临界值 $F_{1-\alpha}(p, n-p-1)$，H_0

的拒绝域为 $\kappa_0 = [F > F_\alpha(p, n-p-1)]$，当 $F > F_\alpha(p, n-p-1)$ 时，拒绝原假设，即回归方程是显著的，其中，$F_{1-\alpha}(p, n-p-1)$ 满足 $P(F > F_{1-\alpha}(p, n-p-1)) = \alpha$。

2. 回归系数的显著性检验

对回归系数 β_i 的线性显著性检验，是关于 y 与某个变量 x_i 的线性关系检验，用假设表示为

$$H_{0i}: \beta_i = 0$$

当 $i = 1, 2, \cdots, p$ 时，分别关于 y 对 p 个变量进行检验。

若接受原假设 H_{0i}，则 y 关于 x_i 的线性关系不显著，否则 y 关于 x_i 的线性关系显著。

构造 t 统计量，即

$$T_i = \frac{\hat{\beta}_i}{\sqrt{c_{ii}}\,\hat{\sigma}} \tag{2.28}$$

其中，$\hat{\sigma} = \sqrt{\dfrac{1}{n-p-1}\sum_{i=1}^{n}(y_i - \hat{y}_i)^2}$；$c_{ii}$ 是矩阵 $(\boldsymbol{X}^\mathrm{T}\boldsymbol{X})^{-1} = (c_{ij})_{(p+1)\times(p+1)}$ 的对角线元素，$i, j = 1, 2, \cdots, p, p+1$。

可以证明 $T_i \sim t(n-p-1)$。对给定的显著性水平 α，H_0 的拒绝域为 $\kappa_0 = [|T_i| > t_{1-\frac{\alpha}{2}}(n-p-1)]$。

3. 回归方程的拟合优度检验

回归方程的拟合优度检验是检验模型对样本观测值的拟合程度。仍然利用平方和分解公式，即

$$\sum_{i=1}^{n}(y_i - \overline{y})^2 = \sum_{i=1}^{n}(y_i - \hat{y}_i)^2 + \sum_{i=1}^{n}(\hat{y}_i - \overline{y})^2 \tag{2.29}$$

或记为 $S_\mathrm{T}^2 = S_\mathrm{E}^2 + S_\mathrm{R}^2$，其中，$S_\mathrm{T}^2 = \sum\limits_{i=1}^{n}(y_i - \overline{y})^2$ 为总体平方和，反映样本观测值总体离差的大小；$S_\mathrm{R}^2 = \sum\limits_{i=1}^{n}(\hat{y}_i - \overline{y})^2$ 为回归平方和，反映由模型中解释变量所解释的那部分离差的大小；$S_\mathrm{E}^2 = \sum\limits_{i=1}^{n}(y_i - \hat{y}_i)^2$ 为残差平方和，反映样本观测值与估计值偏离的大小，也是模型中解释变量未解释的那部分离差的大小。

定义系数

$$R^2 = \frac{S_\mathrm{R}^2}{S_\mathrm{T}^2} = 1 - \frac{S_\mathrm{E}^2}{S_\mathrm{T}^2} \tag{2.30}$$

其中，R^2 的取值为 $[0, 1]$，R^2 越接近于 1，表明随机因素影响引起的误差 S_E^2 较小，回归拟合的效果越好；R^2 越接近于 0，表明回归拟合的效果越差。

2.3 线性回归案例

2.3.1 儿童的体表面积预测

根据研究，科学家发现儿童的体表面积可以由身高和体重进行推算，体表面积和身高、

体重之间存在一定规律,本节介绍一个利用线性回归模型进行儿童体表面积预测的案例。

表 2.1 所示的为某医院医师测得的 10 名 4 岁儿童的身高(cm)、体重(kg)和体表面积(m²)数据,下面试用线性回归方法确定以身高、体重为自变量,以体表面积为因变量的回归方程:

$$体表面积 = \beta_0 + \beta_1 \times 身高 + \beta_2 \times 体重$$

表 2.1　儿童资料

身高/cm	体重/kg	体表面积/m²
88	11	5.382
87	11	5.299
88	12	5.358
89	12	5.292
87	13	5.602
89	13	6.014
88	14	5.830
90	14	6.102
90	15	6.075
91	16	6.414

1. 导入数据

首先引入 Numpy 库:

```
import numpy as np
```

利用 Python 中的数组创建一个 Numpy 对象:

```
# 分别输入第 1 到第 10 名儿童的两个特征
X_train= np.array([[88,11],
                   [87,11],
                   [88,12],
                   [89,12],
                   [87,13],
                   [89,13],
                   [88,14],
                   [90,14],
                   [90,15],
                   [91,16]])
# 对应输入儿童的体表面积
y_train = np.array([5.382,5.299,5.358,5.292,5.602,6.014,5.830,6.102,
6.075,6.414])
```

2. 构建模型

导入 sklearn 中的 linear_model 模块,创建一个学习器对象,载入训练集,该对象学习训练集的数据训练模型,调用 predict 方法进行预测。

```
from sklearn import linear_model
reg= linear_model.LinearRegression()          # 创建学习器对象
reg.fit(X_train,y_train)                       # 训练模型
x_test= np.array([[88,11]])
reg.predict(x_test)                            # 预测
```

创建学习器对象学习训练集,训练模型进行预测,这是 sklearn 库中回归/分类常用的一种模型使用方法。

由于是线性回归,如果想获取回归方程系数,可以利用 reg.coef_和 reg.intercept_属性,其中的 intercept_代表 β_0,coef_代表 β_1、β_2,则

```
reg.predict(x_test)
```

等价于:

```
weight= reg.coef_.reshape(- 1,1)
reg.intercept_ + x_test.dot(weight)           # 利用向量点乘获得加权和
```

3. 结果分析

由前面获得的系数可知,体表面积和身高、体重的回归方程为

$$体表面积=0.0623×身高+0.1855×体重-2.2249$$

为了更直观地分析结果,使用下面的代码导入可视化包,并且加入中文支持:

```
import matplotlib.pyplot as plt
import matplotlib as mpl
mpl.rcParams['font.sans- serif']= [u'SimHei']
# 其他的字体有:FangSong/HeiTi/KaiTi
mpl.rcParams['axes.unicode_minus']= False
```

利用下面的代码可视化预测结果:

```
y= reg.predict(X_train)
x= np.linspace(5.2,6.4,100)   # 5.2,6.4 这两个数字来自最后结果
plt.plot(y,y_train,'ro',x,x,'b- - ')
plt.xlabel("预测的因变量")
plt.ylabel("实际的因变量")
plt.legend(("预测值 x,实际值 y","全部吻合的直线"))
plt.show()
```

在图 2.1 中,x 轴上的数值是预测值,y 轴上的数值是实际值,显然,若预测值等于实际值,圆点将出现在虚线上,也就是说,圆点离虚线越近,说明这个点的预测效果越理想。从图 2.1 来看,大部分的点都靠近虚线,说明预测效果比较理想。

为了对预测效果进行定量分析,下面利用 sklearn 中的 score()函数对结果进行打分:

```
> > print(reg.score(X_train,y_train))
0.867532755881
```

在该方法中,使用了残差的评分概念,公式为

$$1-\frac{\sum_{i=1}^{m}(y_i-\hat{y}_i)^2}{\sum_{i=1}^{m}(y_i-\overline{y})^2} \tag{2.31}$$

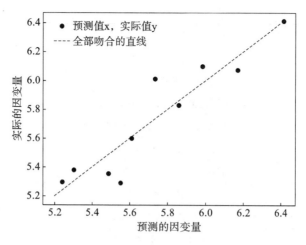

图 2.1　预测值与实际值的偏差

其中，$\hat{y_i}$ 是第 i 个样本的预测值，$\overline{y}$ 是样本的平均值，y_i 是第 i 个样本的实际值，共有 m 个样本，数学意义是，希望预测值和实际值越接近越好（即模型更准确），也就是 $\sum\limits_{i=1}^{m}(y_i-\hat{y_i})^2$ 越小越好，然而这和样本的方差有关，若除以样本的方差 $\sum\limits_{i=1}^{m}(y_i-\overline{y})^2$，就可以统一量纲，以便对在不同样本上生成的模型进行比较。

2.3.2　影响房价的因素分析

　　假设你有一个美国波士顿地区的朋友向你寻求帮助，要你帮忙挑选房子，你的朋友综合考虑了许多因素，并试图对这些因素进行打分，找出对房价影响最大的因素，请辅助你的朋友进行选房决策。

　　本案例从另一个角度展示线性回归模型的应用场景，根据回归系数来量化每个特征的影响力。

　　波士顿房价数据集（Boston house price dataset）来源于 kaggle 比赛数据，包括一些房屋及其所在区域的信息。建立这些信息和房价的回归方程，并根据训练得到的方程系数找到对房价影响最人的那些特征。数据集属性及数据原始特征分别如表 2.2 和表 2.3 所示。

表 2.2　数据集属性

数据集	特征数	样本数量	标签
Boston	13	506	无

表 2.3　数据原始特征

特征	特　征　名	类型
CRIM	城镇人均犯罪率	float64
ZN	住宅用地超过 25000 sq.ft 的比例	float64
INDUS	城镇非零售商用土地的比例	float64
CHAS	查理斯河空变量（如果边界是河流，则为 1；否则为 0）	float64

特征	特 征 名	类型
NOX	一氧化氮浓度	float64
RM	住宅平均房间数	float64
AGE	1940 年之前建成的自用房屋比例	float64
DIS	到波士顿五个中心区域的加权距离	float64
RAD	辐射性公路的接近指数	float64
TAX	每 10000 美元的全值财产税率	float64
PTRATIO	城镇师生比例	float64
B	$1000(Bk-0.63)^2$,其中,Bk 代表城镇中黑人的比例	float64
LSTAT	人口中地位低下者的比例	float64
MEDV	自住房的平均房价,以千美元计	float64

1. 导入数据

本案例中,使用 sklearn 中的 datasets 模块导入波士顿数据集:

```
from sklearn import preprocessing
from sklearn import datasets
from sklearn import linear_model
import numpy as np
boston= datasets.load_boston()
```

这段代码中,boston 是 datasets 对象,其中的 data 属性为特征空间,target 属性为预测结果。

由于各个特征的取值范围不一样,需要先把所有的特征都归一化到[0,1],将量纲统一,才能通过观察系数解释特征和结果的相关性。

```
min_max_scaler= preprocessing.MinMaxScaler()  # 创建数据归一化器
boston.data= min_max_scaler.fit_transform(boston.data)
```

注意,如果要对一个新样本进行预测,要先将样本数据进行归一化处理,对于一个新的样本 x_test,首先要做如下处理:

```
x_test= min_max_scaler.inverse_transform(x_test)
```

2. 构建模型

创建一个学习器并对样本进行学习:

```
reg= linear_model.LinearRegression()          # 生成学习器
reg.fit(boston.data,boston.target)            # 训练模型
```

3. 结果分析

为了量化每个特征的影响力,打印每个特征的回归系数:

```
>> np.set_printoptions(suppress= True,precision= 4)  # 设置打印格式
>> print(reg.coef_)
[- 9.535    4.6395    0.5691    2.6886  - 8.6487    19.857   0.0729
- 16.2288
   7.0301  - 6.4606   - 8.9626   3.7249   - 19.0429]
```

以表格形式列出,如表 2.4 所示。

表 2.4　回归系数表

特 征 名	回 归 系 数
城镇人均犯罪率	−9.535
住宅用地超过 25000 sq.ft 的比例	4.6395
城镇非零售商用土地的比例	0.5691
查理斯河空变量(如果边界是河流,则为 1;否则为 0)	2.6886
一氧化氮浓度	−8.6487
住宅平均房间数	19.857
1940 年之前建成的自用房屋比例	0.0729
到波士顿五个中心区域的加权距离	−16.2288
辐射性公路的接近指数	7.0301
每 10000 美元的全值财产税率	−6.4606
城镇师生比例	−8.9626
$1000(Bk-0.63)^2$,其中,Bk 代表城镇中黑人的比例	3.7249
人口中地位低下者的比例	−19.0429

根据系数的绝对值排序,住宅平均房间数、人口中地位低下者的比例和到波士顿五个中心区域的加权距离对应的系数的绝对值是最大的,也就是说它们对房价的影响是最大的。其中,系数为正是正相关(该特征值增加,结果值增加),如住宅平均房间数、辐射性公路的接近指数(交通便利度);反之为负相关(该特征值增加,结果值减少),如人口中地位低下者的比例、到波士顿五个中心区域的加权距离。

2.3.3　scikit-learn 库中的 LinearRegression

多元线性回归类在 scikit-learn 库中的 linear_model 模块中,实现了一些常用的广义回归算法,如多元线性回归、logicstic 回归、Lasso 回归等。

其中 LinearRegression 实现为

```
class sklearn.linear_model.LinearRegression(fit_intercept = True,
normalize= False,copy_X= True,n_jobs= 1)
```

参数列表如表 2.5 所示。

表 2.5　参数列表

参数名	取值或类型	默认值	描 述
copy_X	boolean	True	是否修改数据的一个标记,如果为 True,则复制了就不会修改数据
n_jobs	int	1	并行计算作业数设置,设为 −1 时所有 CPU 都被使用,设为 1 时是单线程

参数名	取值或类型	默认值	描　　述
fit_intercept	boolean	True	对是否有"偏置项"进行设置(有无常数项)
normalize	boolean	False	是否先对数据进行标准化缩放,数据预处理的一步,暂不详解,当 fit_intercept 为 False 时将被无视

属性介绍如下。

coef_:array,保存着线性回归的回归系数,形为(特征数,)或(目标数,特征数)。

intercept_:array,保存着线性回归的常数项系数。

方法介绍如下。

fit(X,y[,sample_weight]):从训练集(X,y)构建回归器。

get_params([deep]):获取模型的参数。

predict(X):用线性模型进行预测。

score(X,y[,sample_weight]):返回模型预测(X,y)的 R^2 系数。

set_params(**params):设置模型的参数。

2.4　逻 辑 回 归

多元回归分析在诸多行业和领域的数据分析应用中发挥着极为重要的作用,尽管如此,在运用多元回归分析方法时仍不应该忽略应用方法的前提假设条件。违背了某些关键假设,得到的分析结论很可能是不合理的。利用多元回归分析变量之间关系或者进行预测时的一个基本要求就是,因变量均是连续型变量。然而实际应用中这种要求未必都能得到很好的满足,例如,在对小轿车消费群体特点的分析和预测研究中,可以根据历史数据,建立关于购买小轿车的多元回归分析模型,通过模型预测具有某些特定特征的客户是否会购买小轿车,这个模型中的因变量为是否购买,是个纯粹的二值品质型变量,显然不满足上面的要求,解决此类问题可借助逻辑回归(logistic regression)来完成。

2.4.1　逻辑回归模型

逻辑回归是根据输入字段值对记录进行分类的一种统计技术。当被解释变量为 0/1 二值品质型变量时,对应的技术称为二分类逻辑回归。二分类逻辑回归虽然不能直接采用一般多元线性回归模型建模,但仍然可以充分利用建立线性回归模型的理论和思路进行建模。

(1) 若采用简单线性回归模型,即 $Y = \beta_0 + \beta_1 x + \varepsilon$。由 $\varepsilon \sim N(0,\sigma^2)$,$E(\varepsilon) = 0$,有 $E(Y \mid x) = \beta_0 + \beta_1 x$。当 Y 只取 0 或 1 时,有 $E(Y \mid x) = P(Y = 1 \mid x) = P$,它可以解释为给定 x 时 $y=1$ 的概率值。因此,如果对分类变量直接进行多元线性回归拟合,则实质上拟合的是因变量取值为 1 的发生概率。此时,模型因变量的取值范围是[0,1],即

$$P(Y = 1 \mid x) = P = \beta_0 + \beta_1 x \tag{2.32}$$

显然,该模型可以描述当各自变量变化时,因变量的发生概率会怎样变化,可以满足分

析的基本要求。

（2）由于概率 P 的取值范围是 $[0,1]$，而一般线性回归模型要求因变量取值范围为 $(-\infty,+\infty)$，因此可以对概率 P 做转换处理。一般线性模型建立关于因变量取值为 1 的概率的回归模型时，模型中自变量与概率值之间的关系是线性的，在实际应用中，这个概率与自变量之间往往是一种非线性关系。因此，对概率 P 的转换处理采用非线性转换（Logit 变换），具体步骤如下。

第一步，将 P 转换成 Ω，即

$$\Omega = \frac{P}{1-P} \tag{2.33}$$

其中，Ω 称为发生比，是事件发生的概率与不发生的概率的比值，可得 Ω 是 P 的单调增函数，从而保证了 P 与 Ω 增长的一致性，由此得出 Ω 的取值范围为 $[0,+\infty)$。

第二步，当 $\Omega>0$ 时，将 Ω 转换成 $\ln\Omega$，即

$$\ln\Omega = \ln\left(\frac{P}{1-P}\right) \tag{2.34}$$

其中，$\ln\Omega$ 称为 $\mathrm{Logit}P$。经过变换后的 Ω 与 $\mathrm{Logit}P$ 之间的增长性一致，且 $\mathrm{Logit}P$ 的取值范围为 $(-\infty,+\infty)$。

经过 Logit 变换后，可以利用一般线性回归模型建立自变量与因变量之间的关系模型，即逻辑回归模型

$$\mathrm{Logit}P = \beta_0 + \beta_1 x \tag{2.35}$$

即

$$\ln\frac{P}{1-P} = \beta_0 + \beta_1 x \tag{2.36}$$

于是有

$$\frac{P}{1-P} = \exp(\beta_0 + \beta_1 x) \tag{2.37}$$

从而有

$$P = \frac{\exp(\beta_0 + \beta_1 x)}{1 + \exp(\beta_0 + \beta_1 x)} = \frac{1}{1 + \exp[-(\beta_0 + \beta_1 x)]} \tag{2.38}$$

式（2.38）即为逻辑回归函数，它是典型的增长函数，能很好地体现概率 P 和自变量间的非线性关系。

2.4.2　逻辑回归方程中回归系数的估计及含义

逻辑回归模型是非线性模型，极大似然估计法是最常用的模型参数估计方法。极大似然估计法是一种在总体分布密度函数和样本信息的基础上，求解模型中未知参数估计值的方法。它基于总体分布密度函数构造一个包含未知参数的似然函数，并求解在似然函数值最大时的未知参数值。

由于 $P(Y=1\mid x)=P$，$P(Y=0\mid x)=1-P$，将 Y 的概率函数写为

$$P(Y\mid x) = P^Y(1-P)^{1-Y}, \quad Y=0,1 \tag{2.39}$$

于是似然函数为

$$L = \prod P(y_i\mid x_i) = \prod P^{y_i}(1-P)^{1-y_i} \tag{2.40}$$

其中，x_i 为第 i 个观测样本的输入值，$y_i = \{0,1\}$ 为对应的输出值。

对似然函数取自然对数，得

$$
\begin{aligned}
\ln L &= \sum \left[y_i \ln p_i + (1 - y_i) \ln(1 - p_i) \right] \\
&= \sum \left[y_i \ln \frac{p_i}{(1 - p_i)} + \ln(1 - p_i) \right]
\end{aligned}
\tag{2.41}
$$

将式(2.36)和式(2.38)代入式(2.41)，得

$$
\ln L = \sum \left[p_i(\beta_0 + \beta_1 x_i) - \ln(1 + \exp(\beta_0 + \beta_1 x_i)) \right]
\tag{2.42}
$$

为使式(2.42)取得极大值，可对 β_0、β_1 求偏导，并令等式为零，得

$$
\frac{\partial \ln L}{\partial \beta_j} = 0, \quad j = 0, 1
\tag{2.43}
$$

解上述方程，即得极大似然估计量 $\hat{\beta}_0$、$\hat{\beta}_1$，从而可得概率 P 的估计值：

$$
\hat{P} = \frac{e^{(\hat{\beta}_0 + \hat{\beta}_1 x)}}{1 + e^{(\hat{\beta}_0 + \hat{\beta}_1 x)}}
\tag{2.44}
$$

因为在形式上，逻辑回归模型与一般线性回归模型相同，因此可以用类似的方法理解和解释逻辑回归模型系数的含义，即当其他自变量保持不变时，自变量 x 每增加一个单位，将引起 $\text{Logit}P$ 增加(或减少)β_1 个单位。但是 $\text{Logit}P$ 无法直接观察且测量单位也无法确定，因此，通常以逻辑回归分布函数的标准差作为 $\text{Logit}P$ 的测度单位。在实际应用中，人们通常更关心的是自变量变化引起的概率 P 变化的程度，因为它们之间的关系是非线性的，因此，人们将注意力集中在自变量给发生比 Ω 带来的变化。

当逻辑回归模型的回归系数确定后，将其带入 Ω 的函数，即

$$
\Omega = \exp(\beta_0 + \beta_1 x)
\tag{2.45}
$$

当其他自变量保持不变，x 增加一个单位时，可将新的发生比设为 Ω'，则有 $\Omega' = \Omega \exp(\beta_1)$。由此可知，当 x 增加一个单位时将使发生比扩大 $\exp(\beta_1)$ 倍，当回归系数为负时，发生比缩小。

2.4.3　逻辑回归方程的统计检验

1. 回归方程的显著性检验

逻辑回归方程的显著性检验的目的是检验自变量全体与 $\text{Logit}P$ 的线性关系是否显著，是否可以用线性模型拟合。基本思路为：若方程中的诸多自变量对 $\text{Logit}P$ 的线性解释有显著意义，则会使得回归方程对样本的拟合得到显著提高。可利用对数似然比估测拟合程度是否有了提高，其零假设为 H_0：各回归系数＝0，自变量全体与 $\text{Logit}P$ 的线性关系不显著。

2. 回归系数的显著性检验

逻辑回归系数的显著性检验的目的是逐个检验模型中各自变量是否与 $\text{Logit}P$ 有显著的线性关系，对解释 $\text{Logit}P$ 是否有重要贡献。其零假设为 H_0：$\beta_1 = 0$，即某回归系数与 0 无显著性差异，相应的自变量与 $\text{Logit}P$ 之间的线性关系不显著。

回归系数的显著性检验采用的是 Wald 检验统计量，数学定义为

$$
\text{Wald} = \left(\frac{\beta_1}{S_{\beta_1}} \right)^2
\tag{2.46}
$$

其中，β_1 是回归系数，S_{β_1} 是回归系数的标准误差。Wald 检验统计量服从 $\chi^2(1)$ 分布。

3. 回归方程的拟合优度检验

在逻辑回归分析中,拟合优度可以从两方面考查:一方面是回归方程能够解释因变量变差的程度,如果方程可以解释因变量较大部分的变差,则说明拟合优度高,反之,说明拟合优度低;另一方面是由回归方程计算出的预测值与实际值之间吻合的程度,即方程的总体错判率是低还是高,如果错判率低,说明拟合优度高,否则,说明拟合优度低。拟合优度检验常用的指标有 Cox&Snell R^2 统计量、Nagel ker ke R^2 统计量、错判矩阵和残差分析等。

例 2.1　在一次住房展销会上,与房地产商签订购房意向书的共有 $n = 313$ 名顾客,将 313 名顾客分为 9 组,根据调查,发现在随后 3 个月的时间内,只有一部分顾客确实购买了房屋。购买了房屋的顾客记为 $y = 1$,没有购买房屋的顾客记为 $y = 0$。以顾客的家庭年收入(单位:万元)为自变量 x,试对表 2.6 中的数据建立逻辑回归模型。

表 2.6　住房展销会历史数据

序号	家庭年收入 x/万元	签订购房意向书人数 n_i/名	实际购房人数 m_i/名	实际购房比例 $p_i = m_i/n_i$	逻辑变换 $p_i' = \ln\left(\dfrac{p_i}{1-p_i}\right)$
1	3.5	58	26	0.448276	-0.20764
2	4.5	52	22	0.423077	-0.31015
3	5.5	43	20	0.465116	-0.13976
4	6.5	39	22	0.564103	0.25783
5	7.5	28	16	0.571429	0.28768
6	8.5	21	13	0.619048	0.49170
7	9.5	15	10	0.666667	0.69315
8	1.5	25	8	0.320000	-0.75377
9	2.5	32	13	0.406250	-0.37949

由于没有给出 313 名顾客购买或不购买房屋的具体数据,这里将组看成样本。

逻辑回归方程为

$$p = \frac{\exp(\beta_0 + \beta_1 x)}{1 + \exp(\beta_0 + \beta_1 x)} \tag{2.47}$$

对式(2.47)做线性变换,令

$$p' = \ln\left(\frac{p}{1-p}\right) \tag{2.48}$$

变换后的线性回归模型为

$$p' = \beta_0 + \beta_1 x + \varepsilon \tag{2.49}$$

式(2.49)是一个普通的一元线性回归模型。式(2.47)是没有给出误差项的形式,可以认为其误差项的形式就是做线性变换所需要的形式。对于表 2.6 中的数据,利用 9 组数据可以算出经验回归方程为

$$\hat{p}' = -0.886 + 0.16x \tag{2.50}$$

判定系数 $r^2 = 0.9243$,显著性检验 p 值约等于 0,高度显著,说明建立的回归方程是适合的。

将式(2.50)还原成式(2.47)形式的逻辑回归方程,得

$$\hat{p} = \frac{\exp(-0.886+0.16x)}{1+\exp(-0.886+0.16x)} \tag{2.51}$$

利用式(2.51)可以对购房比例做预测,例如 $x=8.5$,则有

$$\hat{p}' = \frac{\exp(-0.886+0.16\times 8.5)}{1+\exp(-0.886+0.16\times 8.5)} \approx \frac{1.6}{1+1.6} \approx 0.615$$

这表明在住房展销会上与房地产商签订购房意向书的家庭年收入为 8.5 万元的顾客中,预计实际购房比例为 61.5%。或者说,一个签订购房意向书的家庭年收入为 8.5 万元的顾客,其购房概率为 61.5%,与实际购买率(约 61.9%)是很接近的。

当有多个因素变量 $x_1, x_2, \cdots, x_p$ 影响变量 y,而 y 只取 0、1 时,可以把上述过程推广到一般情况,即 y 取 1 的概率是

$$p = \frac{\exp(\beta_0 + \beta_1 x_1 + \beta_2 x_2 + \cdots + \beta_p x_p)}{1+\exp(\beta_0 + \beta_1 x_1 + \beta_2 x_2 + \cdots + \beta_p x_p)} \tag{2.52}$$

2.5　逻辑回归案例

2.5.1　考试成绩预测

1980 年发表的一项关于课程"中级宏观经济学"的新教学方法 PSI(personalized system of instruction)的效果评价研究的数据资料如表 2.7 所示,其中,GPA 为修该门课程前的学分绩点,TUCH 为修该门课程前的摸底测试成绩,PSI 为 1 代表使用 PSI 方法,LG 为该门课程的考试成绩,取值为 1(LG=A)或 0(LG=B 或 LG=C)。试通过表 2.7 所示的 32 组样本数据,用逻辑回归分析 GPA、TUCH、PSI 对 LG 的影响,从而对考试成绩进行预测。成绩只有 0 或 1 两种取值,因此该问题是一个二分类问题。

表 2.7　新教学方法的效果评价研究数据

序号	GPA	TUCH	PSI	LG	序号	GPA	TUCH	PSI	LG
1	2.66	20	0	0	17	2.75	25	0	0
2	2.89	22	0	0	18	2.83	19	0	0
3	3.28	24	0	0	19	3.12	23	1	0
4	2.92	12	0	0	20	3.16	25	1	1
5	4.00	21	0	0	21	2.06	22	1	0
6	2.86	17	0	0	22	3.62	28	1	1
7	2.76	17	0	0	23	2.89	14	1	0
8	2.89	21	0	0	24	3.51	26	1	0
9	3.03	25	0	0	25	3.54	24	1	1
10	3.92	29	0	1	26	2.83	27	1	1

序号	GPA	TUCH	PSI	LG	序号	GPA	TUCH	PSI	LG
11	2.63	20	0	0	27	3.39	17	1	1
12	3.32	23	0	0	28	2.67	24	1	0
13	3.57	23	0	0	29	3.65	21	1	1
14	3.26	25	0	1	30	4.00	25	1	1
15	3.53	26	0	0	31	3.10	21	1	0
16	2.74	19	0	0	32	2.39	19	1	1

使用 sklearn 中的 LogisticRegression 类进行模型的构建。

1. 导入数据

导入 Numpy 库,利用其中的 loadtxt() 函数进行数据集加载,其中 delimiter 参数是文本中数据的分隔符。

```
from sklearn import linear_model
import numpy as np                                    # 读入训练集
X_train= np.loadtxt("test.csv",delimiter= ",")         # 构造训练集分类标签
y_train= np.linspace(0,0,32)
for i in [4,9,19,21,24,25,26,28,29,31]:
    y_train[i]= 1
```

2. 构建模型

创建学习模型,载入训练集。

```
import sklearn.linear_model
reg= linear_model.LogisticRegression()               # 通用生成学习模型格式
reg.fit(X_train,y_train)                              # 通用学习模型学习模式
x_test= np.array([[3.32,20,1]])
reg.predict(x_test)                                  # 通用学习模型预测模式
```

3. 结果分析

利用模型中的 score() 函数对正确率进行打分。

```
> > print(reg.score(X_train,y_train))
# 0.71875
```

打印模型系数。

```
> > print(reg.coef_)
# [[0.35286521 - 0.06793682  1.22727064]]
> > print(reg.intercept_)
# [- 0.86645576]
```

根据上一节的内容可知,逻辑回归模型为

$$p(x_1,x_2,x_3) = \frac{\exp(0.3529x_1 - 0.0679x_2 + 1.2273x_3 - 0.8665)}{1 + \exp(0.3529x_1 - 0.0679x_2 + 1.2273x_3 - 0.8665)} \quad (2.53)$$

其中,x_1 为 GPA,x_2 为 TUCH,x_3 代表是否使用 PSI 方法,$p(x_1,x_2,x_3)$ 是模型给出的该门课程考试成绩为 1 的概率。

由模型可知,是否使用 PSI 方法是对考试成绩影响最大的特征,这验证了 PSI 教学法的

作用。

2.5.2　鸢尾花分类

假如你有一个朋友是研究鸢尾花的植物学家,希望对不同的鸢尾花进行快速分类,但是人工分类效率不高,他希望你用机器学习的方法帮他完成这项工作。本节介绍用逻辑回归模型进行鸢尾花分类。数据集为 UCI 公开的 Iris 数据集,样本数量为 150 个,有 4 个特征,分别是花萼长度、花萼宽度、花瓣长度、花瓣宽度,类别标签为 Setosa、Versicolour 和 Virginica。

1. 导入数据

使用 sklearn 中的 datasets 模块导入数据集,并进行数据归一化。

```
from sklearn import linear_model
from sklearn import datasets
_x,_y= datasets.load_iris(return_X_y= True)
```

2. 构建模型

```
reg= linear_model.LogisticRegression()          # 生成学习模型
reg.fit(_x,_y)                                   # 模型训练
```

3. 结果分析

鸢尾花有 3 种分类,分别用 0、1、2 表示,输出前 10 条数据的预测结果,代码如下:

```
print(reg.predict(_x[:10]))
```

输出结果如下:

```
[0 0 0 0 0 0 0 0 0 0]
```

可以看到前 10 条数据都被分为第一类别,也就是标记为 0 的类。还可以利用 predict_proba 输出数据属于某一类别的概率,代码如下:

```
np.set_printoptions(suppress= True,precision= 4)          # 设置打印格式
print(reg.predict_proba(_x[:10]))
```

每一列表示属于某一个类别的概率,前 10 条输出结果如下:

```
[0.8797 0.1203 0.    ]
[0.7997 0.2003 0.    ]
[0.8538 0.1462 0.    ]
[0.8254 0.1746 0.0001]
[0.8973 0.1027 0.    ]
[0.927  0.073  0.    ]
[0.8951 0.1049 0.    ]
[0.8618 0.1381 0.    ]
[0.8032 0.1968 0.0001]
[0.7954 0.2046 0.    ]
```

2.5.3　scikit-learn 库中的 Logistic Regression

逻辑回归类在 scikit-learn 库中的 linear_model 模块中,它实现了一些常用的广义回归算法,如多元线性回归、逻辑回归、Lasso 回归等。

其中逻辑回归的实现为:

```
class sklearn.linear_model.LogisticRegression(penalty='l2',dual=
False,tol=0.0001,C=1.0,fit_intercept=True,intercept_scaling=1,
class_weight=None,random_state=None,solver='liblinear',max_iter=
100,multi_class='ovr',verbose=0,warm_start=False,n_jobs=1)
```

参数列表如表 2.8 所示。

表 2.8　参数列表

参　　数	取值或类型	默认值	描　　述
penalty(惩罚)	'l1'、'l2'	'l2'	正则化开关
dual(对偶)	bool	False	对数据集进行对偶化
tol(容忍)	float	0.0001	容忍的迭代停止条件
C	float	1.0	正则化系数
intercept_scaling	float	1.0	常数项正则化系数
class_weight	dict 或'balanced'	None	确定不同类的样本权重
random_state	int、RandomState 对象或 None	None	随机数种子
solver	'newton-cg'、'lbfgs'、'liblinear'、'sag'、'saga'	'liblinear'	线性求解方式
max_iter	int	100	某些迭代器的最大迭代次数
multi_class	'ovr'、'multinomial'	'ovr'	选择多类别处理策略,'ovr'为把多类别(如 n 分类)转化为 n 个二分类问题;'multinomial'选项直接采用多分类逻辑回归策略,不能与 liblinear 求解方式共存
warm_start	bool	False	某些求解方式所需步骤
n_jobs	int	1	并行计算作业数设置,设为－1时所有 CPU 都被使用,设为 1 时是单线程

属性介绍如下。

coef_:array,保存着逻辑回归的回归系数,形为(特征数,)或(目标数,特征数)。

intercept_:array,保存着逻辑回归的常数项系数。

n_iter_:array,保存着逻辑回归的迭代次数,若有多类则是一个向量。

方法介绍如下。

fit(X,y[,sample_weight]):从训练集(X,y)构建回归器。

get_params([deep]):获取模型的参数。

predict(X):用逻辑回归模型对象进行预测。

score(X,y[,sample_weight]):返回模型预测(X,y)的评分。

set_params(**params):设置模型的参数。

decision_function(X):返回 X 中每个样本对不同类的置信度矩阵。

densify():将置信度矩阵转换为普通格式。

sparsify():将置信度矩阵转换为稀疏格式。

predict_proba(X):返回一个数组,数组的元素依次是 X 预测为各个类别的概率值。

predict_log_proba(X):返回一个数组,数组的元素依次是 X 预测为各个类别的概率的对数值。

第3章 聚类模型

3.1 概 述

3.1.1 聚类分析概述

对于第2章学习的线性回归和逻辑回归,给出的训练样本不仅包括样本特征,还包括样本标记。例如,使用线性回归预测房价时,使用的每一个训练样本包括一个或多个变量(如城镇人均犯罪率、城镇非零售商用土地的比例等)且自身带有标记(即房价)。使用带有标记的训练样本进行学习的算法称为有监督学习(supervised learning)。有监督学习,顾名思义是在人类的监督下学习,目的是发现样本特征与标记的关系。有监督学习首先用具有类别标记的样本对分类系统进行学习和训练,然后用学习好的分类系统对未知的样本进行分类,这需要使用者对分类的问题有足够的先验知识。有监督学习要求训练数据都有标记。

显然,在现实生活中不是所有的数据都是带有标记的(或者说标记是未知的)。所以需要对无标记的训练样本进行学习,来揭示数据的内在性质及规律,把这种学习称为无监督学习(unsupervised learning)。聚类就是一种无监督学习。聚类按照一定的要求和规律对事物进行区分和分类,在这一过程中没有借助任何关于分类的先验知识,没有教师指导,仅靠事物间的相似性作为类属划分的准则。聚类分析则是指用数学的方法研究和处理给定对象的分类,把一个没有类别标记的样本集按某种准则分成若干个子集(类),使相似的样本尽可能归为一类,而不相似的样本尽量划分到不同的类中。

1. 聚类分析的主要方法

聚类分析的主要方法有:分裂法、层次法、基于密度的方法、基于网格的方法和基于模型的方法等。

1) 分裂法(partitioning methods)

给定一个有 N 个元组或者记录的数据集,分裂法将构造多个分组,每一个分组代表一个聚类,而且这些分组满足以下条件。

(1) 每一个分组至少包含一个数据记录。

(2) 每一个数据记录属于且仅属于一个分组(这个要求在某些模糊聚类算法中不适用)。对于给定的数据集,算法首先给出一个初始的分组方法,之后通过反复迭代的方法改变分组,使得每一次改进之后的分组方案都较前一次好。使用这个基本思想的算法有:K-means算法、Clarans 算法等。

2) 层次法(hierarchical methods)

这种方法对给定的数据集进行层次的分解,直到某个条件满足为止。具体又可分为"自底向上"和"自顶向下"两种方案。在"自底向上"方案中,初始时每一个数据记录都组成一个单独的组,通过组间相似性度量,逐步把那些相互邻近的组合并成一个组,直到所有的记录组成一个分组或者直到某个条件满足为止。代表算法有:系统聚类法、Birch 算法、Cure 算法、Chameleon 算法等。而在"自顶向下"方案中,首先将所有的数据看成一个类,在每一步中,不断分裂成更小的类,直到每个类只包含一个单独的数据,或者满足其他终止条件为止。经典的层次分裂法以 Diana 算法为代表。

3) 基于密度的方法(density-based methods)

基于密度的方法与其他方法的一个根本区别为:它不是基于两点间的距离来度量类间相似性的,而是基于密度来度量类间相似性的,这样的度量克服了基于距离的算法只能发现"类圆形"聚类的缺点。这个方法的主要思想是,只要一个区域中的点的密度大过某个阈值,就把它加到与之相近的聚类中去。

4) 基于网格的方法(grid-based methods)

这种方法首先将数据空间划分为具有有限个单元(cell)的网格结构,所有的处理都以单个单元为对象,其与记录的个数无关,只与数据空间分为多少个单元有关。这样处理的突出优点就是速度很快。代表算法有:Sting 算法、Clique 算法、Wave-Cluster 算法。

5) 基于模型的方法(model-based methods)

基于模型的方法给每一个聚类假定一个模型,然后去寻找能够很好地满足这个模型的数据集。这样一个模型可能是数据点在空间中的密度分布函数或者其他。它的一个潜在的假定为:目标数据集是由一系列的概率分布所决定的。常用的聚类模型为:统计的模型和神经网络的模型。

2. 聚类数据的预处理

设聚类问题中有 n 个样品(个体),对每个样品选择 m 个变量,第 i 个样品的第 j 个变量的观测值记为 x_{ij},则 n 个样品的所有 m 个变量的观测值可排成如下矩阵:

$$X = \begin{bmatrix} x_{11} & x_{12} & \cdots & x_{1m} \\ x_{21} & x_{22} & \cdots & x_{2m} \\ \vdots & \vdots & & \vdots \\ x_{n1} & x_{n2} & \cdots & x_{nm} \end{bmatrix} \tag{3.1}$$

常称式(3.1)为样本数据矩阵。第 i 个样品的第 m 个变量的观测值可以记为

$$x_i = (x_{i1}, x_{i2}, \cdots, x_{im})^{\mathrm{T}} \tag{3.2}$$

由于各变量在表示样品的各种性质时往往会使用不同的度量单位,因此它们的观测值也可能相差悬殊。这样,绝对值大的变量的影响可能会淹没绝对值小的变量的影响,使后者应有的作用得不到反映。为了确保各变量在分析中的地位相同,可以对数据进行无量纲化处理。

无量纲化处理是通过对每个变量在各个样品上的观测值(即针对 X 中的每列)进行标准差标准化或极差标准化得到的。

1) 标准差标准化

分别记第 j 个变量的平均值和标准差为

$$\overline{x}_j = \frac{1}{n} \sum_{i=1}^{n} x_{ij}, \quad j = 1, 2, \cdots, m \tag{3.3}$$

$$S_j = \sqrt{\frac{1}{n-1}\sum_{i=1}^{n}(x_{ij}-\overline{x}_j)^2} \qquad (3.4)$$

对第 j 个变量的 n 个数据实施标准差标准化为

$$x'_{ij} = \frac{x_{ij}-\overline{x}_j}{S_j}, \quad i=1,2,\cdots,n \qquad (3.5)$$

经变换后各变量的均值为 0,标准差为 1,即不同量纲的数据经标准差标准化后,变换为以偏差比例表示的无量纲数据,此时有 N,使 $x'_{ij} \in (-N,N)$。

2) 极差标准化

记第 j 个变量的极差为

$$R_j = \max_{1\leqslant i\leqslant n}(x_{ij}) - \min_{1\leqslant i\leqslant n}(x_{ij}) \qquad (3.6)$$

对第 j 个变量的 n 个数据实施极差标准化为

$$x'_{ij} = \frac{x_{ij}-\min_{1\leqslant i\leqslant n}(x_{ij})}{R_j}, \quad i=1,2,\cdots,n \qquad (3.7)$$

经变换后各变量的最小值为 0,极差为 1,即不同量纲的数据经极差标准化后,变换为以偏差比例表示的无量纲数据,此时有 $x'_{ij} \in [0,1]$。

3.1.2　基于距离的聚类相似度

可以通过空间中的两个点的距离来定义两个类的相似程度。设有 m 个变量的样品,$\boldsymbol{x}_i = (x_{i1},x_{i2},\cdots,x_{im})^{\mathrm{T}}$,$i=1,2,\cdots,n$,$n$ 个样品可以视为 m 维空间中的 n 个点,用 d_{ij} 表示第 i 个样品 $\boldsymbol{x}_i = (x_{i1},x_{i2},\cdots,x_{im})^{\mathrm{T}}$ 与第 j 个样品 $\boldsymbol{x}_j = (x_{j1},x_{j2},\cdots,x_{jm})^{\mathrm{T}}$ 间的距离。作为点间距离应满足以下条件。

(1) 非负性,即对所有的 i、j,有 $d_{ij} > 0$。同时,当且仅当两个样品的 m 个变量对应相等时,等式才成立。

(2) 对称性,即对所有的 i、j,有 $d_{ij} = d_{ji}$。

(3) 满足三角不等式,即对所有的 i、j,恒有 $d_{ij} \leqslant d_{ik} + d_{kj}$。

最常用的两点间距离的定义如下。

(1) 绝对值距离。

$$d_{ij}(1) = \sum_{k=1}^{m} |x_{ik}-x_{jk}| \qquad (3.8)$$

(2) 欧几里得距离(欧氏距离)。

$$d_{ij}(2) = \left(\sum_{k=1}^{m} |x_{ik}-x_{jk}|^2\right)^{\frac{1}{2}} \qquad (3.9)$$

(3) 切比雪夫距离。

$$d_{ij}(\infty) = \max_{1\leqslant k\leqslant m} |x_{ik}-x_{jk}| \qquad (3.10)$$

即两点间距离反映了各变量指标间的差异大小。

(4) 基于相似系数定义的距离。

基于相似系数定义的距离多用于变量指标的相似性度量。设 x_i 与 x_j 分别表示第 i 与第 j 个变量指标,若两变量各有 n 个观测值,即 $\boldsymbol{x}_i = (x_{1i},x_{2i},\cdots,x_{ni})^{\mathrm{T}}$,$\boldsymbol{x}_j = (x_{1j},x_{2j},\cdots,x_{nj})^{\mathrm{T}}$,用相关系数定义 $\boldsymbol{x}_i$ 与 $\boldsymbol{x}_j$ 的相似系数 r_{ij} 以及距离 d_{ij} 为

$$r_{ij} = \frac{\sum\limits_{k=1}^{n}(x_{ki}-\overline{x}_i)(x_{kj}-\overline{x}_j)}{\sqrt{\sum\limits_{k=1}^{n}(x_{ki}-\overline{x}_i)^2}\sqrt{\sum\limits_{k=1}^{n}(x_{kj}-\overline{x}_j)^2}} \tag{3.11}$$

$$d_{ij} = \frac{1}{\mid r_{ij} \mid + \alpha} \tag{3.12}$$

其中，$\overline{x}_i = \dfrac{1}{n}\sum\limits_{k=1}^{n}x_{ki}$，$\overline{x}_j = \dfrac{1}{n}\sum\limits_{k=1}^{n}x_{kj}$，$\alpha > 0$。

r_{ij} 应满足以下条件。

①绝对值不大于 1，即对所有的 i、j，有 $|r_{ij}| \leqslant 1$。同时，当且仅当两个向量存在线性关系时，即 $x_i = cx_j$，c 为不等于 0 的任一常数时，$|r_{ij}| = 1$ 才成立。

②对称性，即对所有的 i、j，有 $r_{ij} = r_{ji}$。

用 d_{ij} 表示样本点与样本点之间的距离，c_1，c_2，$\cdots$ 表示类，D_{pq} 表示类 c_p 与类 c_q 之间的距离。通过上述两点间距离，可以定义基于距离的类与类之间的距离如下。

（1）用最短距离定义类的距离。

$$D_{pq} = \min\{d_{ij} \mid x_i \in c_p, x_j \in c_q\} \tag{3.13}$$

（2）用最长距离定义类的距离。

$$D_{pq} = \max\{d_{ij} \mid x_i \in c_p, x_j \in c_q\} \tag{3.14}$$

（3）用平均距离定义类的距离，即将两个类中的元素两两之间的平均距离作为两类距离。

$$D_{pq} = \frac{1}{n_1 n_2}\sum_{i=1}^{n_1}\sum_{j=1}^{n_2}d_{ij}, \quad x_i \in c_p, \quad x_j \in c_q \tag{3.15}$$

其中，n_1 和 n_2 分别表示聚类块 c_p 和 c_q 包含的样本个数。

可以根据实际问题，定义适合两类的距离，由类间距离定义类的相似度大小。如按最短距离定义类的相似度，则当类间距离越小时，表示相似度越大。

3.2　K-means 聚类

3.2.1　K-means 聚类算法

K-means 聚类算法是一种简单的无监督学习算法，此种方法能够用于对已知类数 k 的数据做聚类和分析，其基本步骤如下。

（1）初始化：给定类的个数 k，置 $j = 0$，从样本向量中任意选定 k 个向量 $c_1^j, c_2^j, \cdots, c_k^j$ 作为聚类中心（或称类中心），$c_i^j = [c_{i1}^j, c_{i2}^j, \cdots, c_{im}^j]^{\mathrm{T}}$，$i = 1, 2, \cdots, k$。其中，$m$ 为输入向量的维数，并记聚类中心为 c_i^j 的聚类块为 C_i^j。

（2）将每个样本向量 $x_l = [x_{l1}, x_{l2}, \cdots, x_{lm}]^{\mathrm{T}}$，$l = 1, 2, \cdots, n$，按最短欧氏距离归入 k 个聚类块 $C_1^j, C_2^j, \cdots, C_k^j$ 中的某一个。假设样本向量 x_l 归到聚类中心为 c_i^j 的聚类块，有

$$\parallel \boldsymbol{x}_l - \boldsymbol{c}_i^j \parallel_2 = \min_{1 \leqslant t \leqslant k} \parallel \boldsymbol{x}_l - \boldsymbol{c}_t^j \parallel_2 \tag{3.16}$$

（3）重新调整聚类中心。新的聚类中心 $\boldsymbol{c}_i^{j+1}$ 由下式计算得出：

$$\boldsymbol{c}_i^{j+1} = \frac{\sum\limits_{\boldsymbol{x}_t \in \boldsymbol{c}_i^j} \boldsymbol{x}_t}{N_i} \tag{3.17}$$

其中，N_i 是聚类块 $\boldsymbol{C}_i^j$ 中的向量数。

（4）如果（2）中的聚类中心 $\boldsymbol{c}_i^j (i=1,2,\cdots,k)$ 不再明显变换，就终止，否则 $j=j+1$，执行步骤（2）。

上述方法是一种迭代算法。可以采用下面的目标函数进行迭代，直到 J 不再明显改变为止：

$$J = \sum_{k=1}^{n} \sum_{\boldsymbol{x}_k \in \boldsymbol{c}_i} \mid \boldsymbol{x}_k - \boldsymbol{c}_i \mid \tag{3.18}$$

3.2.2　K-means 聚类实例

例 3.1　设有 8 个点：$A_1(2,10)$，$A_2(2,5)$，$A_3(8,4)$，$A_4(5,8)$，$A_5(7,5)$，$A_6(6,4)$，$A_7(1,2)$，$A_8(4,9)$，将它们聚为 3 类。请给出 K-means 聚类过程和结果。

首先，随机选择 3 个点作为类中心 c_1^0, c_2^0, c_3^0，不妨设 $c_1^0(2,10)$，$c_2^0(5,8)$，$c_3^0(1,2)$。

第一次迭代，计算所有点 $A_i(i=1,2,\cdots,8)$ 与 $c_j^0(j=1,2,3)$ 之间的欧氏距离，并将 A_i 归入与其距离最近的类中心 c_j^0 所属的类，结果如表 3.1 所示。

表 3.1　第一次迭代：所有点与类中心的距离和聚类结果

点　＼　类中心	$c_1^0(2,10)$	$c_2^0(5,8)$	$c_3^0(1,2)$	$j(C_j^0)$
$A_1(2,10)$	0	3.606	8.062	1
$A_2(2,5)$	5.000	4.243	3.162	3
$A_3(8,4)$	8.485	5.000	7.280	2
$A_4(5,8)$	3.606	0	7.211	2
$A_5(7,5)$	7.071	3.606	6.708	2
$A_6(6,4)$	7.211	4.123	5.385	2
$A_7(1,2)$	8.062	7.211	0	3
$A_8(4,9)$	2.236	1.414	7.616	2

第一次迭代后，结果如图 3.1 所示，得到结果：

$$C_1^0 = \{A_1\}$$
$$C_2^0 = \{A_3, A_4, A_5, A_6, A_8\}$$
$$C_3^0 = \{A_2, A_7\}$$

计算新的类中心，得

$$c_1^1 = (2,10)$$

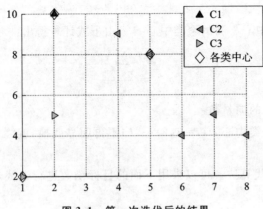

图 3.1   第一次迭代后的结果

$$c_2^1 = (6,6)$$
$$c_3^1 = (1.5, 3.5)$$

由于迭代前后类中心的变化值 $E = d(c_1^0, c_1^1) + d(c_2^0, c_2^1) + d(c_3^0, c_3^1) = 3.8172$,故要进行新一轮迭代。

第二次迭代,计算 $A_i(i = 1, 2, \cdots, 8)$ 到 3 个新中心的距离,并按距离最小进行归类,结果如表 3.2 所示。

表 3.2   第二次迭代:所有点与类中心的距离和聚类结果

类中心 \\ 点	$c_1^1(2,10)$	$c_2^1(6,6)$	$c_3^1(1.5, 3.5)$	$j(C_j^1)$
$A_1(2,10)$	0.000	5.657	6.519	1
$A_2(2,5)$	5.000	4.123	1.581	3
$A_3(8,4)$	8.485	2.828	6.519	2
$A_4(5,8)$	3.606	2.236	5.701	2
$A_5(7,5)$	7.071	1.414	5.701	2
$A_6(6,4)$	7.211	2.000	4.528	2
$A_7(1,2)$	8.062	6.403	1.581	3
$A_8(4,9)$	2.236	3.606	6.042	1

第二次迭代后,结果如图 3.2 所示,得到结果:

$$C_1^1 = \{A_1, A_8\}$$
$$C_2^1 = \{A_3, A_4, A_5, A_6\}$$
$$C_3^1 = \{A_2, A_7\}$$

计算新的类中心,得

$$c_1^2 = (3, 9.5)$$
$$c_2^2 = (6.5, 5.25)$$
$$c_3^2 = (1.5, 3.5)$$

由于迭代前后类中心的变化值 $E = 2.0194$,故要进行新一轮迭代。

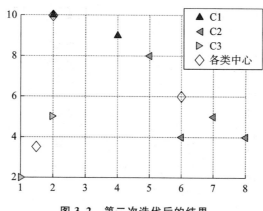

图 3.2　第二次迭代后的结果

第三次迭代,计算 $A_i(i=1,2,\cdots,8)$ 到 3 个新中心的距离,并进行归类,结果如表 3.3 所示。

表 3.3　第三次迭代:所有点与类中心的距离和聚类结果

类中心 点	$c_1^2(3,9.5)$	$c_2^2(6.5,5.25)$	$c_3^2(1.5,3.5)$	$j(C_j^2)$
$A_1(2,10)$	1.118	6.543	6.519	1
$A_2(2,5)$	4.610	4.507	1.581	3
$A_3(8,4)$	7.433	1.953	6.519	2
$A_4(5,8)$	2.500	3.132	5.701	1
$A_5(7,5)$	6.021	0.559	5.701	2
$A_6(6,4)$	6.265	1.346	4.528	2
$A_7(1,2)$	7.762	6.388	1.581	3
$A_8(4,9)$	1.118	4.507	6.042	1

第三次迭代后,结果如图 3.3 所示,得到结果:

$$C_1^2=\{A_1,A_4,A_8\}$$
$$C_2^2=\{A_3,A_5,A_6\}$$
$$C_3^2=\{A_2,A_7\}$$

计算新的类中心,得

$$c_1^3=\left(\frac{11}{3},9\right)$$

$$c_2^3=\left(7,\frac{13}{3}\right)$$

$$c_3^3=(1.5,3.5)$$

由于迭代前后类中心的变化值 $E=1.8775$,故要进行新一轮迭代。

第四次迭代,计算 $A_i(i=1,2,\cdots,8)$ 到 3 个新中心的距离,并按距离最小进行归类,结果如表 3.4 所示。

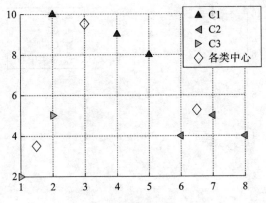

图 3.3   第三次迭代后的结果

表 3.4   第四次迭代:所有点与类中心的距离和聚类结果

类中心 点	$c_1^3(\frac{11}{3},9)$	$c_2^3(7,\frac{13}{3})$	$c_3^3(1.5,3.5)$	$j(C_j^3)$
$A_1(2,10)$	1.944	7.557	6.519	1
$A_2(2,5)$	4.333	5.044	1.581	3
$A_3(8,4)$	6.616	1.054	6.519	2
$A_4(5,8)$	1.667	4.177	5.701	1
$A_5(7,5)$	5.207	0.667	5.701	2
$A_6(6,4)$	5.518	1.054	4.528	2
$A_7(1,2)$	7.491	6.438	1.581	3
$A_8(4,9)$	0.333	5.548	6.042	1

第四次迭代后,结果如图 3.4 所示,得到结果:

$$C_1^3 = \{A_1, A_4, A_8\}$$
$$C_2^3 = \{A_3, A_5, A_6\}$$
$$C_3^3 = \{A_2, A_7\}$$

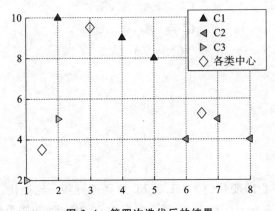

图 3.4   第四次迭代后的结果

计算新的类中心,得

$$c_1^4 = \left(\frac{11}{3}, 9\right)$$

$$c_2^4 = \left(7, \frac{13}{3}\right)$$

$$c_3^4 = (1.5, 3.5)$$

可以发现,此时的分类结果与第三次迭代后的结果一致,故计算出的类中心也与第三次的类中心一致,也就是分类结果趋于稳定,不再进行分类,得到最终的分类结果如下:

$$C_1 = \{A_1, A_4, A_8\}$$

$$C_2 = \{A_3, A_5, A_6\}$$

$$C_3 = \{A_2, A_7\}$$

3.2.3 K-means 聚类的优缺点

K-means 聚类算法简单,对于大数据的处理较为高效,并且当数据较为密集的时候,聚类的结果较好。然而,K-means 聚类算法也存在缺点:①k 值选取问题,必须事先给出 k 值,并且对 k 值的选取不同会导致结果不同;②对初始类中心的选取敏感,对初始类中心的选取不同,结果也可能会不同;③对噪声和孤立点敏感;④只能应用于凸域。

3.3 密 度 聚 类

在密度聚类中,本书主要介绍有噪声的密度聚类算法 DBSCAN(density-based spatial clustering of applications with noise)。

与 K-means 聚类相比,基于密度的聚类算法不仅可以应用到凸域,还可以应用到非凸域。

3.3.1 相关定义

(1) 密度:空间中任意一点的密度是以该点为圆心、以 ε 为半径的圆区域内包含的点数目。

(2) 邻域:空间中任意一点 p 的邻域是以该点为圆心、以 ε 为半径的圆区域内包含的点集合,记为 $N_\varepsilon(P) = \{q \in D \mid \text{dist}(p, q) \leqslant \varepsilon\}$,这里 D 为数据库。

(3) 核心点:如果空间中某一点的密度大于某一给定阈值 MinPts,则称该点为核心点。

(4) 直接密度可达,点 p 从点 q 直接密度可达,若它们满足:

①p 处于 q 的邻域中,即 $p \in N_\varepsilon(q)$;

②q 是核心点,即 $|N_\varepsilon(q)| \geqslant \text{MinPts}$。

3.3.2 DBSCAN 聚类算法

输入:样本集 $D = \{x_1, x_2, \cdots, x_n\}$,邻域参数 ε,MinPts。

输出:簇划分 C。

具体步骤如下。

(1) 初始化核心点集合 $\Omega=\varnothing$,聚类簇数 $k=0$,未访问样本点集合 $\Gamma=D$,簇划分 $C=\varnothing$。

(2) 对于 n 个样本点,找出所有的核心点。

①找到样本 x_j 的邻域子样本集 $N_\varepsilon(x_j)$,$j=1,2,\cdots,n$。

②如果子样本集的个数满足 $|N_\varepsilon(x_j)|\geqslant$ MinPts,则将样本 x_j 加入到核心点集合 $\Omega=\Omega\bigcup\{x_j\}$。

(3) 如果核心点集合 $\Omega=\varnothing$,算法结束;否则转(4)。

(4) 在核心点集合 Ω 中,随机选择一个核心点 x_j,初始化当前簇核心点队列 $\Omega_{cur}=\{x_j\}$,类别序号 $k=k+1$,当前簇样本集合 $C_k=\{x_j\}$,更新未访问样本点集合 $\Gamma=\Gamma-\{x_j\}$。

(5) 如果当前簇核心点队列 $\Omega_{cur}\neq\varnothing$,在当前簇核心点队列 Ω_{cur} 中取出一个核心点 x_l,扩展第 k 簇,过程如下;否则转(6)。

①通过邻域距离阈值 ε 找出所有的 x_l 的邻域子样本集 $N_\varepsilon(x_l)$。

②令 $\Delta=N_\varepsilon(x_l)\bigcap\Gamma$,表示 x_l 邻域中未访问的样本点。

③将从 x_l 直接密度可达的点加入到当前第 k 簇中,即 $C_k=C_k\bigcup\Delta$。并将这些点从未访问点集合中剔除,即 $\Gamma=\Gamma-\Delta$。

④将从 x_l 直接密度可达的核心点添加到当前簇核心点队列,即 $\Omega_{cur}=\Omega_{cur}\bigcup(N_\varepsilon(x_l)\bigcap\Omega)$。

⑤转(5)。

(6) 如果当前簇核心点队列 $\Omega_{cur}=\varnothing$,则当前聚类簇 C_k 生成完毕,更新簇划分 $C=\{C_1,C_2,\cdots,C_k\}$,更新核心点集合 $\Omega=\Omega-C_k$,转(3)。

3.3.3 DBSCAN 聚类的优缺点

与传统的 K-means 算法相比,DBSCAN 算法最大的不同是不用输入类别数 k,并且,DBSCAN 算法可以用于任意形状的聚类簇。此外,DBSCAN 对噪声、异常点不敏感,聚类结果也不像 K-means 算法一样依赖于初始类中心的选取。

当然,DBSCAN 也有几点不足:①如果样本集的密度不均匀、聚类间距差较大,聚类结果会较差;②样本集较大时,收敛时间较长;③对于参数 ε 和 MinPts,调参难度较大,不同的参数组合对聚类结果的影响较大。

3.4　层 次 聚 类

顾名思义,层次聚类就是一层一层地进行聚类,可以由上向下把大的类别分割,称为分裂法;也可以由下向上对小的类别进行聚合,称为凝聚法。但是一般用的比较多的是由下向上的凝聚法。

3.4.1 系统聚类

系统聚类法又常被称为谱系聚类法或分层聚类法,其主要思想是在聚类之前,先将每一个样本或变量都各自看成一类,计算样本之间的距离,并以样本之间的距离定义类之间的距离。先将距离最近的一对合并成一个新类,计算新类与其他类之间的距离,再将距离最近的两类合并,如此持续做下去,这样就每次减少一类,直至所有的样本或变量都归为一大类为止,最后可以根据聚类的结果画出一张聚类的树型图,可以直观地反映整个聚类过程。

1. 基于最短距离的系统聚类

基于最短距离的系统聚类的主要步骤如下。

(1) 置 $t=0$,规定样本之间的距离,此时各样本自成一类,即类 c_p 与类 c_q 的距离为 $D_{pq}=d_{pq}$,计算类之间距离的对称阵,记为 $\boldsymbol{R}^{(t)}$。

(2) 选择矩阵 $\boldsymbol{R}^{(t)}$ 中的最小值元素,假设为 d_{pq},将对应的类 c_p 和类 c_q 合并成一类,记为 $c_m=\{\boldsymbol{x}\,|\,\boldsymbol{x}\in c_p,$ 或 $\boldsymbol{x}\in c_q\}$。

(3) 计算新类 c_m 与其他类之间的距离,即

$$D_{mk}=\min_{i\in c_m,j\in c_k}d_{ij}=\min\{\min_{i\in c_p,j\in c_k}d_{ij},\min_{i\in c_q,j\in c_k}d_{ij}\}=\min\{D_{pk},D_{qk}\} \tag{3.19}$$

将 $\boldsymbol{R}^{(t)}$ 中的 p、q 行和 p、q 列分别合并为一个新行和一个新列,新行、新列对应为类 c_m,所得到的矩阵记为 $\boldsymbol{R}^{(t+1)}$。

(4) 若全部样本已聚集成一个类,则停止算法;否则 $t=t+1$,转(2)。

注意:如果在某一步中最小的元素不止一个,则对应这些最小元素的类同时合并。

例3.2　设有7支股票,它们分别有股价波动率、股息率、资产负债率、资金周转率、流动负债率、经营杠杆系数、财务杠杆系数、投资回报率8个指标,用 x_{ij} 表示第 i 个股票的第 j 个指标。通过计算股票 $\boldsymbol{x}_i$ 与 $\boldsymbol{x}_j$ 的欧氏距离,可得到7支股票样本的数据矩阵如下,要求用系统聚类法对这7个样本进行聚类。

$$\boldsymbol{R}^{(0)}=\begin{matrix}\boldsymbol{x}_1\\\boldsymbol{x}_2\\\boldsymbol{x}_3\\\boldsymbol{x}_4\\\boldsymbol{x}_5\\\boldsymbol{x}_6\\\boldsymbol{x}_7\end{matrix}\begin{bmatrix}0\\2.5&0\\3.6&4.2&0\\2.1&2.4&3.1&0\\5.9&8.1&7.8&3.3&0\\6.8&3.4&4.4&7.9&\underline{1.0}&0\\6.8&3.6&6.1&4.8&5.5&7.8&0\end{bmatrix}$$

解　7支股票数据矩阵 $\boldsymbol{R}^{(0)}$ 的主对角线全为0,且其是一个对称矩阵。聚类过程如下。

(1) 样本 $\boldsymbol{x}_1\sim\boldsymbol{x}_7$ 各自成一类。

(2) $\boldsymbol{x}_5$ 和 $\boldsymbol{x}_6$ 之间的距离为1.0,为 $\boldsymbol{R}^{(0)}$ 中的最小元素,所以 $\boldsymbol{x}_5$ 和 $\boldsymbol{x}_6$ 应先归为一类,设该类为 c_1。

(3) 调整 $\boldsymbol{R}^{(0)}$,即需要重新计算 c_1 与 $\boldsymbol{x}_1,\boldsymbol{x}_2,\boldsymbol{x}_3,\boldsymbol{x}_4,\boldsymbol{x}_7$ 的距离,而 $\boldsymbol{x}_1,\boldsymbol{x}_2,\boldsymbol{x}_3,\boldsymbol{x}_4,\boldsymbol{x}_7$ 之间的距离保持不变。

其中:

$$d(\boldsymbol{x}_1,\boldsymbol{c}_1)=\min\{d(\boldsymbol{x}_1,\boldsymbol{x}_5),d(\boldsymbol{x}_1,\boldsymbol{x}_6)\}=5.9$$
$$d(\boldsymbol{x}_2,\boldsymbol{c}_1)=\min\{d(\boldsymbol{x}_2,\boldsymbol{x}_5),d(\boldsymbol{x}_2,\boldsymbol{x}_6)\}=3.4$$
$$d(\boldsymbol{x}_3,\boldsymbol{c}_1)=\min\{d(\boldsymbol{x}_3,\boldsymbol{x}_5),d(\boldsymbol{x}_3,\boldsymbol{x}_6)\}=4.4$$
$$d(\boldsymbol{x}_4,\boldsymbol{c}_1)=\min\{d(\boldsymbol{x}_4,\boldsymbol{x}_5),d(\boldsymbol{x}_4,\boldsymbol{x}_6)\}=3.3$$
$$d(\boldsymbol{x}_7,\boldsymbol{c}_1)=\min\{d(\boldsymbol{x}_7,\boldsymbol{x}_5),d(\boldsymbol{x}_7,\boldsymbol{x}_6)\}=5.5$$

所以形成的新距离矩阵为

$$
\boldsymbol{R}^{(1)} = \begin{array}{c} \boldsymbol{x}_1 \\ \boldsymbol{x}_2 \\ \boldsymbol{x}_3 \\ \boldsymbol{x}_4 \\ \boldsymbol{c}_1 \\ \boldsymbol{x}_7 \end{array} \begin{bmatrix} 0 & & & & & \\ 2.5 & 0 & & & & \\ 3.6 & 4.2 & 0 & & & \\ \underline{2.1} & 2.4 & 3.1 & 0 & & \\ 5.9 & 3.4 & 4.4 & 3.3 & 0 & \\ 6.8 & 3.6 & 6.1 & 4.8 & 5.5 & 0 \end{bmatrix}
$$

（4）矩阵 $\boldsymbol{R}^{(1)}$ 中的最小元素是 2.1，是 $\boldsymbol{x}_1$ 和 $\boldsymbol{x}_4$ 之间的距离，所以 $\boldsymbol{x}_1$ 和 $\boldsymbol{x}_4$ 应归为一类，记该类为 $\boldsymbol{c}_2$；重新计算 $\boldsymbol{c}_2$ 与 $\boldsymbol{x}_2, \boldsymbol{x}_3, \boldsymbol{c}_1, \boldsymbol{x}_7$ 的距离，而 $\boldsymbol{x}_2, \boldsymbol{x}_3, \boldsymbol{c}_1, \boldsymbol{x}_7$ 之间的距离保持不变。

所以有

$$
d(\boldsymbol{x}_2, \boldsymbol{c}_2) = \min\{d(\boldsymbol{x}_2, \boldsymbol{x}_1), d(\boldsymbol{x}_2, \boldsymbol{x}_4)\} = 2.4
$$
$$
d(\boldsymbol{x}_3, \boldsymbol{c}_2) = \min\{d(\boldsymbol{x}_3, \boldsymbol{x}_1), d(\boldsymbol{x}_3, \boldsymbol{x}_4)\} = 3.1
$$
$$
d(\boldsymbol{c}_1, \boldsymbol{c}_2) = \min\{d(\boldsymbol{c}_1, \boldsymbol{x}_1), d(\boldsymbol{c}_1, \boldsymbol{x}_4)\} = 3.3
$$
$$
d(\boldsymbol{x}_7, \boldsymbol{c}_2) = \min\{d(\boldsymbol{x}_7, \boldsymbol{x}_1), d(\boldsymbol{x}_7, \boldsymbol{x}_4)\} = 4.8
$$

则形成的新距离矩阵为

$$
\boldsymbol{R}^{(2)} = \begin{array}{c} \boldsymbol{x}_2 \\ \boldsymbol{x}_3 \\ \boldsymbol{c}_2 \\ \boldsymbol{c}_1 \\ \boldsymbol{x}_7 \end{array} \begin{bmatrix} 0 & & & & \\ 4.2 & 0 & & & \\ \underline{2.4} & 3.1 & 0 & & \\ 3.4 & 4.4 & 3.3 & 0 & \\ 3.6 & 6.1 & 4.8 & 5.5 & 0 \end{bmatrix}
$$

（5）$\boldsymbol{R}^{(2)}$ 中的最小元素是 2.4，是 $\boldsymbol{x}_2$ 和 $\boldsymbol{c}_2$ 之间的距离，所以 $\boldsymbol{x}_2$ 和 $\boldsymbol{c}_2$ 应归为一类，记该类为 $\boldsymbol{c}_3$；重新计算 $\boldsymbol{c}_3$ 与 $\boldsymbol{x}_3, \boldsymbol{c}_1, \boldsymbol{x}_7$ 的距离，而 $\boldsymbol{x}_3, \boldsymbol{c}_1, \boldsymbol{x}_7$ 之间的距离保持不变。

所以有

$$
d(\boldsymbol{x}_3, \boldsymbol{c}_3) = \min\{d(\boldsymbol{x}_3, \boldsymbol{x}_2), d(\boldsymbol{x}_3, \boldsymbol{c}_2)\} = 3.1
$$
$$
d(\boldsymbol{c}_1, \boldsymbol{c}_3) = \min\{d(\boldsymbol{c}_1, \boldsymbol{x}_2), d(\boldsymbol{c}_1, \boldsymbol{c}_2)\} = 3.3
$$
$$
d(\boldsymbol{x}_7, \boldsymbol{c}_3) = \min\{d(\boldsymbol{x}_7, \boldsymbol{x}_2), d(\boldsymbol{x}_7, \boldsymbol{c}_2)\} = 3.6
$$

则形成的新距离矩阵为

$$
\boldsymbol{R}^{(3)} = \begin{array}{c} \boldsymbol{c}_3 \\ \boldsymbol{x}_3 \\ \boldsymbol{c}_1 \\ \boldsymbol{x}_7 \end{array} \begin{bmatrix} 0 & & & \\ \underline{3.1} & 0 & & \\ 3.3 & 4.4 & 0 & \\ 3.6 & 6.1 & 5.5 & 0 \end{bmatrix}
$$

（6）$\boldsymbol{R}^{(3)}$ 中的最小元素是 $\boldsymbol{c}_3$ 和 $\boldsymbol{x}_3$ 之间的距离 3.1，所以 $\boldsymbol{c}_3$ 和 $\boldsymbol{x}_3$ 聚成一类，记为 $\boldsymbol{c}_4$；重新计算 $\boldsymbol{c}_4$ 与 $\boldsymbol{c}_1, \boldsymbol{x}_7$ 的距离，而 $\boldsymbol{c}_1, \boldsymbol{x}_7$ 之间的距离保持不变。

所以有

$$
d(\boldsymbol{c}_1, \boldsymbol{c}_4) = \min\{d(\boldsymbol{c}_1, \boldsymbol{x}_3), d(\boldsymbol{c}_1, \boldsymbol{c}_3)\} = 3.3
$$
$$
d(\boldsymbol{x}_7, \boldsymbol{c}_4) = \min\{d(\boldsymbol{x}_7, \boldsymbol{x}_3), d(\boldsymbol{x}_7, \boldsymbol{c}_3)\} = 3.6
$$

则形成的新距离矩阵为

$$R^{(4)} = \begin{matrix} c_4 \\ c_1 \\ x_7 \end{matrix} \begin{bmatrix} 0 & & \\ \underline{3.3} & 0 & \\ 3.6 & 5.5 & 0 \end{bmatrix}$$

（7）$R^{(4)}$ 中的最小元素是 c_1 和 c_4 之间的距离 3.3，所以 c_1 和 c_4 聚成一类，记为 c_5；重新计算 c_5 与 x_7 的距离。

所以有

$$d(x_7, c_5) = \min\{d(x_7, c_1), d(x_7, c_4)\} = 3.6$$

则有新的距离矩阵为

$$R^{(5)} = \begin{matrix} c_5 \\ x_7 \end{matrix} \begin{bmatrix} 0 & \\ 3.6 & 0 \end{bmatrix}$$

（8）最后，把 c_5 和 x_7 聚成一类，记为 c_6，则有 $R^{(6)} = c_6[0]$。

聚类过程可以按每次归并依据的距离相似度，绘出聚类的谱系图（树型图），如图 3.5 所示。

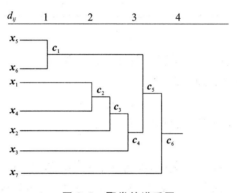

图 3.5　聚类的谱系图

2. 基于最长距离的系统聚类

基于最长距离的系统聚类的主要步骤如下。

（1）置 $t=0$，规定样本之间的距离，此时各样本自成一类，即 $D_{pq} = d_{pq}$，计算类之间距离的对称阵，记为 $R^{(t)}$；

（2）选择矩阵 $R^{(t)}$ 中的最大值元素，假设为 d_{pq}，将对应的类 c_p 和类 c_q 合并成一类，记为 $c_m = \{x \mid x \in c_p,$ 或 $x \in c_q\}$；

（3）计算新类 c_m 与其他类之间的距离，即

$$D_{mk} = \max_{i \in c_m, j \in c_k} d_{ij} = \max\{\max_{i \in c_p, j \in c_k} d_{ij}, \max_{i \in c_q, j \in c_k} d_{ij}\} = \max\{D_{pk}, D_{qk}\} \tag{3.20}$$

将 $R^{(t)}$ 中的 p、q 行和 p、q 列分别合并为一个新行和一个新列，新行、新列对应为类 c_m，所得到的矩阵记为 $R^{(t+1)}$；

（4）若全部样本已聚集成一个类，则停止算法；否则 $t = t+1$，转（2）。

注意：如果在某一步中最大的元素不止一个，则对应这些最大元素的类同时合并。

例 3.3　某地区内有 12 个气象观测站。10 年来各站测得的降雨量（指年平均降雨量）如表 3.5 所示。为了节省开支，需要适当减少气象观测站。要解决的问题：减少哪些观测站可以使所得到的降雨量的信息仍然足够多？要求应用系统聚类法选择需要去掉的观测站。

表 3.5　10 年来各站测得的降雨量　　　　　　　（单位：mm）

年份	x_1	x_2	x_3	x_4	x_5	x_6	x_7	x_8	x_9	x_{10}	x_{11}	x_{12}
1981	276.2	324.5	158.6	412.5	292.8	258.4	334.1	303.2	292.9	243.2	159.7	331.2
1982	251.6	287.3	349.5	297.4	227.8	453.6	321.5	451.0	466.2	307.5	421.1	455.1
1983	192.7	433.2	289.9	366.3	466.2	239.1	357.4	219.7	245.7	411.1	357.0	353.2
1984	246.2	232.4	243.7	327.5	460.4	158.9	298.7	314.5	256.6	327.0	296.5	423.0
1985	291.7	311.0	502.4	254.0	245.6	324.8	401.0	266.5	251.3	289.9	255.4	362.1
1986	466.5	158.9	223.5	425.1	251.4	321.0	315.4	317.4	246.2	277.5	304.2	410.7
1987	258.6	327.4	432.1	403.9	256.6	282.9	389.7	413.2	466.5	199.3	282.1	387.6
1988	453.4	365.5	357.6	258.1	278.8	467.2	355.2	228.5	453.6	315.6	456.3	407.2
1989	158.5	271.0	410.2	344.2	250.0	360.7	376.4	179.4	159.2	342.4	331.2	377.7
1990	324.8	406.5	235.7	288.2	192.6	284.9	290.5	343.7	293.4	281.2	243.7	411.1

解　（1）模型的假设。

①设各地区各观测站的降雨量呈正态分布。由气象知识与经验得知它是服从正态分布的。用 x_i 表示第 i 个观测站的降雨量，即

$$x_i \sim N(\mu_i, \sigma_i^2)$$

②假设每个观测站需要花费的费用都是一样的。

（2）模型的建立。

设想将每一个观测站看作一个变量，将每一个观测站在 10 年中观测到的降雨量看作是相应变量的观测值，对 12 个变量进行聚类，从中选择有代表性的观测站进行保留，从而既能观测到有效的降雨量信息，又能节省成本。建立模型需考虑以下问题。

①究竟聚成多少类？

②在已知聚类个数的情况下，去掉哪些观测站？

首先确定聚类个数。经查资料，在气象上所关心的一个重要指标是年平均降雨量。在没去掉观测站以前，年平均降雨量为

$$g = \frac{1}{12} \sum_{i=1}^{12} x_i$$

在去掉观测站以后，年平均降雨量为

$$g' = \frac{1}{m} \sum_{i=1}^{m} x_i$$

其中，m 为剩下的观测站的数目

有必要使下式满足，即

$$\frac{\| g - g' \|_2}{g} < \varepsilon, \quad \varepsilon \text{ 取 } 0.05 \tag{3.21}$$

本着节约费用的原则，去掉观测站的个数 k 应尽量大。经过搜索，在满足式（3.21）的前提下，去掉观测站的个数 $k=4$ 时，可能的组合有 6 种，如表 3.6 所示。

表 3.6　$k=4$ 时,去掉观测站的 6 种情况

编号	1	2	3	4	5	6
观测站号	3,4,9,10	5,6,7,8	6,7,8,10	7,8,10,11	7,9,10,11	7,9,10,12

在 $k=5$ 时,找不到符合条件的组合,因此在给定 $\varepsilon=0.05$ 的精确度下,k 的最大取值为 4。去掉观测站的个数为 4 时,聚类数应为 8。计算 12 个变量的相关系数矩阵为

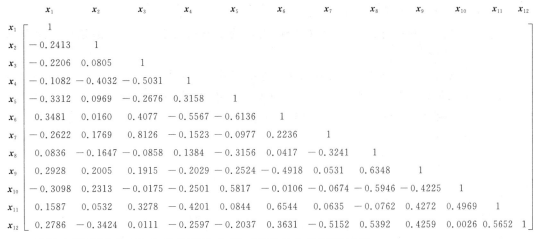

用最大距离法将 12 个变量聚为 8 类,得到表 3.7 所示结果。

表 3.7　12 个变量的聚类结果

类别	1	2	3	4	5	6	7	8
编号	1	2	3,7	4	5,10	6,11	8,9	12

去掉观测站的确定:采用熵作为评价指标。熵是随机试验不确定程度的度量。当随机试验的不确定性越大时,其熵也越大。由于假设 $x_i \sim N(\mu_i, \sigma_i^2)$ 时,x_i 的熵与方差成正比,因此对于两个观测站的比较,应去掉熵小的观测站,即去掉降雨量不确定程度小的观测站,保留方差大的、包含降雨量变化信息多的观测站。x_i 的方差如表 3.8 所示。

表 3.8　12 个观测站的降雨量方差

观测站号	1	2	3	4	5	6	7	8	9	10	11	12
方差	95.1	76.8	102.7	60.7	89.3	89.4	36.1	80.1	103.8	54.3	82.1	35

所以应该去掉的观测站为:7,8,10,11。

3.4.2　DIANA 算法

DIANA 算法属于分裂的层次聚类,它采用一种自顶向下的策略,首先将所有对象置于一个簇中,然后逐渐细分为越来越小的簇,直到每个对象自成一个簇为止,或者达到某个终节点,比如达到了某个希望的簇数目,或者两个最近簇之间的距离超过了某个阈值。

1. 定义

簇的直径:在一个簇中的任意两个样本点间的最大距离。

一个点的平均相异度:在一个簇中,该点与簇内其他点的距离的平均值。

2. DIANA 算法的主要步骤

输入：n 个样本，到达终止条件需要的簇的数目 k。

输出：k 个簇。

具体步骤如下。

（1）置 $i=1$，将所有的样本当成一个初始簇，计算簇的直径。

（2）选出直径最大的簇 C_{j^*}，在簇 C_{j^*} 中，找到与其他点平均相异度最大的点 P 放入临时的簇 C' 中，剩余的点依旧放在 C_{j^*} 中。

（3）对于 C_{j^*} 中的其他点，找出到 C' 中最近点的距离不大于到 C_{j^*} 中最近点的距离的点，将该点加入到 C' 中。

（4）不断重复（3），直至 C_{j^*} 中没有点能分配到 C' 中为止，再转（5）。

（5）将 C_{j^*} 和 C' 作为两个单独的簇与其他簇一起组成新的簇的集合，$i=i+1$，判断 $i=k$ 是否成立，若不成立，转（2），否则退出，得到 k 个簇。

3. DIANA 实例

对于例 3.2，用 DIANA 算法将其分为 3 类。

$$\boldsymbol{R}^{(0)} = \begin{array}{c} \boldsymbol{x}_1 \\ \boldsymbol{x}_2 \\ \boldsymbol{x}_3 \\ \boldsymbol{x}_4 \\ \boldsymbol{x}_5 \\ \boldsymbol{x}_6 \\ \boldsymbol{x}_7 \end{array} \begin{bmatrix} 0 & & & & & & \\ 2.5 & 0 & & & & & \\ 3.6 & 4.2 & 0 & & & & \\ 2.1 & 2.4 & 3.1 & 0 & & & \\ 5.9 & 8.1 & 7.8 & 3.3 & 0 & & \\ 6.8 & 3.4 & 4.4 & 7.9 & 1.0 & 0 & \\ 6.8 & 3.6 & 6.1 & 4.8 & 5.5 & 7.8 & 0 \end{bmatrix}$$

第一次迭代，将所有的样本看成一个簇 C，找出其中平均相异度最大的点。平均相异度 $b_i = \dfrac{1}{6} \sum\limits_{j \neq i, j=1}^{7} d_{ij}$，结果如表 3.9 所示。

表 3.9　各点的平均相异度(1)

b_1	b_2	b_3	b_4	b_5	b_6	b_7
4.617	4.033	4.867	3.933	5.267	5.217	5.767

可以看到，平均相异度最大为 b_7，故将 x_7 放入 C'。

对于 C 中的点，由表 3.10 可以看到，没有到 C' 中最近点的距离不大于到 C 中最近点的距离的点。

表 3.10　距离计算(1)

$x_i \in C$	$C = \{x_1, x_2, x_3, x_4, x_5, x_6\}$	$C' = \{x_7\}$
x_1	$2.1 x_4$	$6.8 x_7$
x_2	$2.4 x_4$	$3.6 x_7$
x_3	$3.1 x_4$	$6.1 x_7$
x_4	$2.1 x_1$	$4.8 x_7$
x_5	$1.0 x_6$	$5.5 x_7$
x_6	$1.0 x_5$	$7.8 x_7$

因此,分裂完成,将 $C_1 = \{x_1, x_2, x_3, x_4, x_5, x_6\}$ 和 $C_2 = \{x_7\}$ 作为两个单独的簇输入到下一轮。

第二次迭代,首先找出直径最大的簇。对于 C_1,可以看到 x_3 到 x_5 的距离 8.1 为 C_1 的直径;而对于 C_2,由于 C_2 只有一个点,故 C_2 的直径为 0。因此,将 C_1 分裂。

同样地,计算 C_1 中各点的平均相异度 $b_i = \dfrac{1}{5} \sum\limits_{j \neq i, j \in C_1}^{6} d_j$,结果如表 3.11 所示。

表 3.11　各点的平均相异度(2)

b_1	b_2	b_3	b_4	b_5	b_6
4.18	4.12	4.62	3.76	5.22	4.70

可以看到,平均相异度的最大值为 b_5,故将 x_5 归入到临时的簇 C' 中,并将其从 C_1 中移除,计算 C_1 中其他点到 C_1 及 C' 的最近距离,结果如表 3.12 所示。

表 3.12　距离计算(2)

$x_i \in C$	$C_1 = \{x_1, x_2, x_3, x_4, x_6\}$	$C' = \{x_5\}$
x_1	$2.1x_4$	$5.9x_5$
x_2	$2.4x_4$	$8.1x_5$
x_3	$3.1x_4$	$7.8x_5$
x_4	$2.1x_1$	$3.3x_5$
x_6	$3.4x_1$	$1.0x_5$

可以看到,x_6 到 C_1 的最近距离 3.4 大于到 C' 的最近距离 1.0,故将 x_6 归入到 C'。重新计算 C 中的点到 C_1 及 C' 的最近距离,结果如表 3.13 所示。

表 3.13　距离计算(3)

$x_i \in C$	$C_1 = \{x_1, x_2, x_3, x_4\}$	$C' = \{x_5, x_6\}$
x_1	$2.1x_4$	$5.9x_5$
x_2	$2.4x_4$	$3.4x_6$
x_3	$3.1x_4$	$4.4x_6$
x_4	$2.1x_1$	$3.3x_5$

此时,C 中没有点到 C_1 的最近距离大于到 C' 的最近距离,故第二轮分裂完成,记 $C_3 = \{x_1, x_2, x_3, x_4\}$,$C_4 = \{x_5, x_6\}$。

此时已将原数据分为 3 簇,即 $C = \{\{x_1, x_2, x_3, x_4\}, \{x_5, x_6\}, \{x_7\}\}$,算法结束。

3.4.3　层次聚类算法的优缺点

层次聚类算法的优点为:适用于任意形状和任意属性的数据集,可灵活控制不同层次的聚类力度,具有强聚类能力;其缺点为:大大延长了算法的执行时间,不能回溯处理。

3.5　案　　例

本节介绍基于 K-means 算法的聚类模型案例。K-means 算法的原理简单、易于实现。

3.5.1　二维数据集聚类案例

为了方便理解,先使用一个二维数据集作为例子。

1. 导入数据

使用 sklearn 中 datasets 模块的 make_blobs 方法创建用于聚类算法的测试数据。代码如下。

```
from sklearn.datasets import make_blobs
X,y= make_blobs(n_samples= 150,n_features= 2,centers= 3,cluster_std=
0.5,shuffle= True,random_state= 0)  # make_blobs 函数创建数据集
```

上述代码创建了 150 条数据,每条数据有两个属性。按照每一类数据的方差为 0.5 生成三个聚集的数据集。根据数据的二维特性,把每一条数据看成二维平面上的一个点。下面利用 matplotlib 中的 pyplot 绘图库把这些点可视化。代码如下。

```
import matplotlib.pyplot as plt
plt.scatter(X[:,0],X[:,1],c= 'black',marker= 'o',s= 20)# 绘制二维散点图
plt.grid()
plt.show()                                              # 展示图片
```

用 scatter 方法绘制二维散点图,把数据集的两个属性分别对应到散点图的 x 坐标与 y 坐标。指定点的颜色为黑色,形状为圆点,大小为 20。然后在图片中显示网格,展示图形,如图 3.6 所示。从图片上看,数据在二维平面上分布在三块高密度区域。

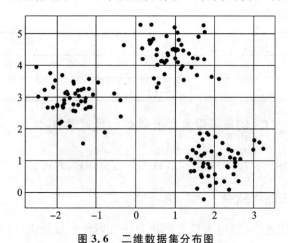

图 3.6　二维数据集分布图

2. 构建模型

K-means 聚类算法能够通过迭代找到代表各类数据的 k 个聚类中心点。sklearn 库中

实现了 K-means 算法,可直接通过 cluster 模块导入。由上面可视化的结果可知,数据应被分为三类,所以初始化时指定 *k* 值为 3。代码如下:

```
from sklearn.cluster import KMeans
clf= KMeans(n_clusters= 3)    # 构建模型
```

模型创建成功,接着把数据放到创建的模型中进行拟合,这个过程将用到 fit() 方法,再使用 predict() 方法得到预测结果。代码如下:

```
clf.fit(X)                    # 模型拟合
result= clf.predict(X)        # 模型预测
```

3. 结果分析

把聚类结果映射到点的颜色上,并把每一簇的中心点也显示出来,进行可视化。代码实现如下。

```
plt.figure()                                                # 新绘制一副图片
plt.scatter(X[:,0],X[:,1],c= result,marker= 'o',s= 20)# 绘制散点图
plt.scatter(clf.cluster_centers_[:,0],clf.cluster_centers_[:,1],c= 'red
',marker= 'o',s= 50)                                        # 显示每一簇的中心点
plt.show()
```

从图 3.7 可以看出,数据被聚集为三类,每种颜色代表一个聚类。

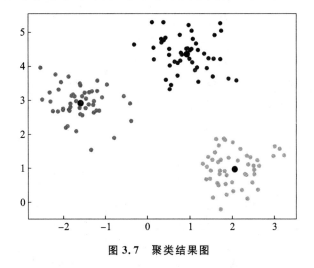

图 3.7　聚类结果图

3.5.2　居民家庭情况案例

表 3.14 为某年我国 35 个大中城市城镇居民家庭基本情况表格,用 K-means 聚类算法分析大中城市城镇居民家庭情况的相似性。

表 3.14　某年我国 35 个大中城市城镇居民家庭基本情况

地区	调查户数/户	平均每户家庭人口/人	平均每户就业人口/人	平均每一就业者负担人数/人	平均每人实际月收入/元	人均可支配收入/元	人均消费支出/元
北京	1000	3.00	1.66	0.55	1061.39	997.53	774.95
天津	1500	3.03	1.45	0.48	734.33	695.10	489.58

地区	调查户数/户	平均每户家庭人口/人	平均每户就业人口/人	平均每一就业者负担人数/人	平均每人实际月收入/元	人均可支配收入/元	人均消费支出/元
石家庄	400	2.99	1.47	0.49	618.10	573.70	463.13
太原	300	2.96	1.50	0.51	579.92	553.29	407.53
呼和浩特	400	2.79	1.33	0.48	532.93	517.62	368.85
沈阳	500	3.04	1.83	0.60	585.01	534.97	479.76
大连	500	3.04	1.68	0.55	670.63	633.49	554.89
长春	300	3.07	1.76	0.57	633.01	603.72	410.61
哈尔滨	500	3.01	1.50	0.50	552.66	534.04	414.32
上海	500	2.92	1.55	0.53	1115.54	1025.21	717.62
南京	300	2.90	1.62	0.56	782.37	720.79	607.94
杭州	300	2.98	1.53	0.51	942.56	828.78	737.96
宁波	200	3.02	1.74	0.58	1084.63	975.47	626.24
合肥	200	2.96	1.53	0.52	570.18	536.12	474.56
福州	300	3.11	1.64	0.53	668.70	633.68	581.22
厦门	200	3.22	1.79	0.56	901.09	818.94	689.21
南昌	300	3.14	1.56	0.50	502.74	484.06	359.81
济南	300	3.01	1.62	0.54	800.89	741.27	503.75
青岛	400	2.88	1.47	0.51	729.53	651.53	531.23
郑州	400	2.94	1.25	0.43	696.35	661.43	475.17
武汉	500	3.06	1.45	0.47	669.39	639.97	536.19
长沙	200	3.02	1.56	0.52	622.84	569.35	547.98
广州	300	3.14	1.65	0.53	1252.88	1093.15	890.88
深圳	100	3.23	1.80	0.56	1652.93	1543.70	1556.45
南宁	200	3.00	1.63	0.54	667.60	623.47	505.16
海口	200	3.49	1.63	0.47	701.93	657.77	544.14
成都	300	3.11	1.40	0.45	581.96	549.21	459.62
重庆	300	2.93	1.32	0.45	679.08	634.39	547.68
贵阳	200	3.21	1.47	0.46	555.67	536.70	472.37
昆明	300	2.92	1.43	0.49	616.81	582.17	483.98
西安	300	3.01	1.50	0.50	549.06	505.14	427.19
兰州	300	2.98	1.45	0.49	523.32	494.39	400.51
西宁	300	2.97	1.19	0.40	532.41	504.60	354.45
银川	400	2.89	1.26	0.44	550.72	525.18	417.81
乌鲁木齐	400	2.86	1.49	0.52	629.55	586.42	525.02

1. 导入数据

默认路径下,创建一个 data.csv 文件,输入表格数据并保存。如表 3.14 所示,每条数据有 8 个特征,分别为地区、调查户数、平均每户家庭人口、平均每户就业人口、平均每一就业者负担人数、平均每人实际月收入、人均可支配收入、人均消费支出,共 35 条数据。

数据保存在硬盘上的.csv 文件里,采用 Python 中的 pandas 库。使用 read_csv()方法打开.csv 文件,该方法涉及三个参数,一个是文件的路径,一个是文件内部数据间的分隔符,另一个是文件的编码格式,此方法会返回一个 DataFrame。代码如下:

```
import pandas as pd
df= pd.read_csv(r'data.csv',sep= ',',encoding= "utf- 8")  # 打开 csv 文件
```

此时已打开并得到了表格中的数据,但这样的数据还不能直接拿去训练。表头行显然不应该出现在训练集中,地区列和调查户数列也不是研究所需要的特征。使用 DataFrame 的 values 属性将 DataFrame 转化为 numpy.ndarray 类型的数组以去掉表头,并通过赋值操作去除表的前两列特征,从而得到训练集。代码如下:

```
data= df.values          # 数据预处理,将 DataFrame 转为 numpy.ndarray
data= data[:,2:]          # 去除前两列无用的特征
```

2. 参数优化

准备好数据后,还是不能直接开始训练,需要先确定 k 值。本节案例的数据集与上一节的二维数据集不同,不能直接用肉眼观测出 k 值。提供一种新的思路:对于 K-means 算法,寻找新质点的标准在于使每个数据点到其质心点距离之和最小,这个称为算法的惯性权重(inertia)。sklearn 中的 KMeans 类也提供了这个属性。可以利用这个值通过肘点法来确定 k。求 k 取 2 至 8 时,每个值对应的 inertia。并利用 matplotlib 库可视化展示,以便观察 inertia 随 k 值的变化情况。代码如下:

```
import matplotlib.pyplot as plt
    from sklearn.cluster import KMeans
    k_range= range(2,8)
k_scores= []
for k in k_range:
    clf= KMeans(n_clusters= k)
    clf.fit(data)
    scores= clf.inertia_
    k_scores.append(scores)   # 不同的 k 值下,拟合模型得到的对应的 inertia 值
plt.plot(k_range,k_scores)
plt.xlabel('k_clusters for KMeans')
plt.ylabel('inertia')
plt.show()                        # 绘制折线图
```

折线图如图 3.8 所示。

随着 k 值的增加和质心点的位置调整,inertia 值逐渐降低。k 大于 5 时,曲线变得平缓,斜率变小,$k=5$ 即是肘点。然而,这个值没有明确的标准,只能具体情况具体分析,此方法为确定 k 值的辅助方法。在这个案例中令 $k=5$。

3. 训练模型

设置 k 值后,拟合模型:

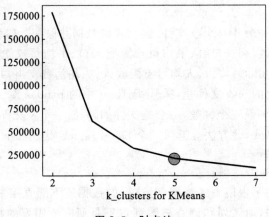

图 3.8　肘点法

```
clf= KMeans(n_clusters= 5)
clf.fit(data)
```

4. 结果分析

聚类之后利用 DataFrame 的 insert() 方法把聚类结果整合。将整合后的表格重新写成一个 .csv 文件,命名为 output.csv,放在代码文件的同级目录。代码如下:

```
result= clf.predict(data)
df.insert(loc= 8,column= 'tag',value= result)
df.to_csv(r'output.csv',index= False,sep= ',',encoding= "utf- 8")
```

使用 Excel 打开表格 output.csv,会看到表格在原来的基础上多了一列 tag,这一列就是聚类的结果,如表 3.15 最后一列所示。

表 3.15　聚类结果

地区	调查户数/户	平均每户家庭人口/人	平均每户就业人口/人	平均每一就业者负担人数/人	平均每人实际月收入/元	人均可支配收入/元	人均消费支出/元	tag
北京	1000	3.00	1.66	0.55	1061.39	997.53	774.95	2
天津	1500	3.03	1.45	0.48	734.33	695.10	489.58	4
石家庄	400	2.99	1.47	0.49	618.10	573.70	463.13	0
太原	300	2.96	1.50	0.51	579.92	553.29	407.53	0
呼和浩特	400	2.79	1.33	0.48	532.93	517.62	368.85	0
沈阳	500	3.04	1.83	0.60	585.01	534.97	479.76	0
大连	500	3.04	1.68	0.55	670.63	633.49	554.89	4
长春	300	3.07	1.76	0.57	633.01	603.72	410.61	0
哈尔滨	500	3.01	1.50	0.50	552.66	534.04	414.32	0
上海	500	2.92	1.55	0.53	1115.54	1025.21	717.62	2
南京	300	2.90	1.62	0.56	782.37	720.79	607.94	4
杭州	300	2.98	1.53	0.51	942.56	828.78	737.96	3
宁波	200	3.02	1.74	0.58	1084.63	975.47	626.24	2

续表

地区	调查户数/户	平均每户家庭人口/人	平均每户就业人口/人	平均每一就业者负担人数/人	平均每人实际月收入/元	人均可支配收入/元	人均消费支出/元	tag
合肥	200	2.96	1.53	0.52	570.18	536.12	474.56	0
福州	300	3.11	1.64	0.53	668.70	633.68	581.22	4
厦门	200	3.22	1.79	0.56	901.09	818.94	689.21	3
南昌	300	3.14	1.56	0.50	502.74	484.06	359.81	0
济南	300	3.01	1.62	0.54	800.89	741.27	503.75	4
青岛	400	2.88	1.47	0.51	729.53	651.53	531.23	4
郑州	400	2.94	1.25	0.43	696.35	661.43	475.17	4
武汉	500	3.06	1.45	0.47	669.39	639.97	536.19	4
长沙	200	3.02	1.56	0.52	622.84	569.35	547.98	4
广州	300	3.14	1.65	0.53	1252.88	1093.15	890.88	2
深圳	100	3.23	1.80	0.56	1652.93	1543.70	1556.45	1
南宁	200	3.00	1.63	0.54	667.60	623.47	505.16	4
海口	200	3.49	1.63	0.47	701.93	657.77	544.14	4
成都	300	3.11	1.40	0.45	581.96	549.21	459.62	0
重庆	300	2.93	1.32	0.45	679.08	634.39	547.68	4
贵阳	200	3.21	1.47	0.46	555.67	536.70	472.37	0
昆明	300	2.92	1.43	0.49	616.81	582.17	483.98	0
西安	300	3.01	1.50	0.50	549.06	505.14	427.19	0
兰州	300	2.98	1.45	0.49	523.32	494.39	400.51	0
西宁	300	2.97	1.19	0.40	532.41	504.60	354.45	0
银川	400	2.89	1.26	0.44	550.72	525.18	417.81	0
乌鲁木齐	400	2.86	1.49	0.52	629.55	586.42	525.02	4

3.5.3　医疗建设评价案例

为了对城市医疗能力进行评价,收集了一批有代表性的城市的医疗数据,评价指标为:病床数、医生数、工作人员数、诊所数、死亡率和专家的评价结果,旨在建立评价城市医疗建设绩效的模型,用于评价其他城市的医疗建设绩效。收集数据如表 3.16 所示。

表 3.16　城市医疗能力评价表

城市	病床数	医生数	工作人员数	诊所数	死亡率	专家的评价结果
1	g	v	v	v	b	v
2	a	v	v	v	g	v
3	b	b	b	a	g	b

城市	病床数	医生数	工作人员数	诊所数	死亡率	专家的评价结果
4	g	g	g	a	b	a
5	v	g	a	b	a	a
6	g	g	b	b	b	b
7	a	g	g	a	a	a
8	v	g	a	g	v	g
9	g	b	v	v	a	g
10	g	a	a	b	v	a

为了建立城市医疗能力评价模型与分析指标的关系,需要根据上面 10 个城市的专家的评价结果获取有代表性的大量样本集。要求采用聚类分析,对于 5 个评价指标,选出 50 个有代表性的样本。

每一个指标可取的值为 v、g、a、b,则 5 个指标的取值组合共有 $4^5 = 1024$ 个。以此生成 1024 条数据样本,定义 v、g、a、b 的值分别为 1.5、0.5、-0.5、-1.5,每一个级别只相差 1,样本在由 5 个指标构造的五维空间中比较集中。然后利用 K-means 对这些数据进行聚类分析。

1. 导入数据

显然,手工输入 1024 条数据是低效的,可利用 Python 自然语言编码转换模块 codecs 和封装了 .csv 文件读写功能的 csv 模块,在代码同级目录创建 data.csv 文件并写入数据。writerow()方法能一行一行地写入数据,配合循环迭代就能轻易地完成创建数据的任务。

```python
import codecs
import csv
v= 1.5
g= 0.5
a= - 0.5
b= - 1.5
params_list= [v,g,a,b]                          # 初始化参数
f= codecs.open(r'data.csv','w','utf- 8')        # 新建一个 data.csv 文件并向其中写入数据
writer= csv.writer(f)
writer.writerow([u'病床数',u'医生数',u'工作人员数',u'诊所数',u'死亡率'])
                                                # 写入表头
for data_one in params_list:
    for data_two in params_list:
        for data_three in params_list:
            for data_four in params_list:
                for data_five in params_list:
                    writer.writerow([data_one,data_two,data_three,data_four,data_five])
                                                # 用 for 循环写入具体数据
```

接着在程序中导入 pandas 库：

```
import pandas as pd
df= pd.read_csv(r'data.csv',sep= ',',encoding= "utf- 8")
data= df.values
```

2. 训练模型

指定簇数为 50，进行模型的拟合：

```
clf= KMeans(n_clusters= 50)
clf.fit(data)
result= clf.predict(data)
```

3. 结果分析

观察每个簇，可以通过模型的 cluster_centers_ 属性获得每一簇的中心点坐标：

```
print(clf.cluster_centers_)  # 获得每一簇的中心点坐标
```

还可以输出每一簇的个体数量。利用 Counter() 函数，返回一个字典。键为簇的标签，值为簇的数量。代码如下：

```
from collections import Counter
print(Counter(result))  # 每一簇的个体数量
```

利用模型 transform(data) 方法，可以得到每条数据到每一簇的中心点的距离。再通过 min() 函数得到每条数据到其所属簇心的距离。代码如下：

```
data_distance= clf.transform(data)
data_distance= data_distance.min(1)
print(data_distance)  # 每条数据到其所属簇心的距离
```

还可以把结果保存到 Excel 表格中。代码如下：

```
df.insert(loc= 5,column= 'tag',value= result)
df.insert(loc= 6,column= 'distance_to_center',value= result)
# 新加标签列和距离列
df.to_csv(r'output.csv',index= False,sep= ',',encoding= "utf- 8")
```

3.5.4　scikit-learn 库中的 KMeans

scikit-learn 库中的 sklearn. cluster 模块实现了常用的无监督聚类算法，如 K-means、DBSCAN、Birch 算法等。

K-means 聚类算法的实现为：

```
class sklearn.cluster.KMeans(n_clusters= 8,init= 'k- means+ + ',n_init
= 10,max_iter= 300,tol= 0.0001,precompute_distances= 'auto',verbose= 0,
random_state= None,copy_x= True,n_jobs= 1,algorithm= 'auto')
```

参数列表如表 3.17 所示。

表 3.17　参数列表

参　数　名	取值或类型	默认值	描　　　述
n_clusters	int	8	该参数指定了簇的数目，即质心的数目

续表

参　数　名	取值或类型	默认值	描　　述
init	'k-means＋＋'、'random'、an ndarray	'k-means＋＋'	该参数是初始化质心的选项 'k-means＋＋'：以特殊方法自动选择初始质心以加速收敛 'random'：随机选出数据作为初始质心 an ndarray：传递一个形如(n_clusters,n_features)的 ndarray 作为初始质心
n_init	int	10	设置运行次数，每一次都会选择一组不同的初始质心，选择最佳的分类簇作为最终结果
max_iter	int	300	设置算法运行一次的最大迭代次数
tol	float	1e－4	与 inertia 结合来定义收敛。迭代时当中心点重定位时，偏移值小于 tol 将达到收敛，停止迭代
precompute_distances	'auto'、True、False	'auto'	设置是否提前计算好样本的距离，如果提前计算则需要占用更多内存，但是算法会运行得更快 'auto'：当 n_samples * _clusters ＞ 1200 0000时，则不提前计算距离 True：提前计算距离 False：不提前计算距离
verbose	int	0	详细模式。输出初始化信息、迭代次数、tol 值等
random_state	int、RandomState instance、None	None	int：随机数生成器所使用的种子 RandomState instance：随机数生成器 None：使用 np. random 的 RandomState 实例

续表

参　数　名	取值或类型	默认值	描　　　述
copy_x	boolean	True	预计算距离时,先将数据中心化计算将更准确 True:不会修改原始数据 False:修改原始数据,并在函数返回前还原。但是由于在计算过程中有对数据均值的加减运算,因此返回后的数据与原始数据会产生一些细小的差别
n_jobs	int	1	指定用于计算的进程数。当每个质心并行计算时这个参数有效 值为 −1 时,使用所有的 CPU 值为 1 时,将不会调用并行计算代码,这有利于调试 对于低于 −1 的值,使用公式(n_cpus+1+n_jobs),例如,n_jobs = −2 时,除去一个 CPU,所有 CPU 都被使用
algorithm	'auto'、'full'、'elkan'	'auto'	'full':经典式 EM 算法 'elkan':通过三角不等式提高算法效率,但目前不支持稀疏数据 'auto':自动为稀疏数据选择'full',为密集数据选择'elkan'

属性介绍如下。

cluster_centers_:array,[n_clusters,n_features],质心坐标。

labels_:每个样本的标签。

inertia_:float,样本到最邻近质心的距离平方和。

方法介绍如下。

fit(X[,y=None]):X 为样本矩阵,拟合模型,进行 K-means 聚类。

fit_predict(X[,y=None]):计算簇的质心并为样本矩阵 X 中的每个样本预测所属类别,用 lables 数组返回。

fit_transform(X[,y=None]):计算聚类并转换样本矩阵 X 到聚类距离空间中。返回 X_new(距离空间中的 X)。

get_params([deep=True]):返回估计器的参数。

predict(X):为样本矩阵 X 中的每个样本预测最近的簇并归类,返回 lables 数组。

score(X[,y=None]):X 中的每一个点到最近簇中心点的距离之和的相反数。

set_params(**params):设置估计器的参数。

transform(X):转换样本矩阵 X 到聚类距离空间中。返回 X_new(距离空间中的 X)。

第4章 关联规则

4.1 概 述

4.1.1 问题概述

如何摆放超市的商品是最合适的？啤酒与尿布这两类不同商品是否应该摆放在一起？某超市对每天的销售商品数据进行分析后发现，一些顾客在买尿布时，也同时买啤酒，经调查证实，一部分年轻的父亲存在这样的购买行为，这就是经典的购物篮问题。一般地，若设商品排列模式为 $x_1, x_2, \cdots, x_n$，第 i 个顾客购买的物品为 $x_{i1}, x_{i2}, \cdots, x_{in}, i = 1, 2, \cdots, N$，若经过统计，发现商品模式 $x_{i1}, x_{i2}, \cdots, x_{it}$ 与 $x_{j1}, x_{j2}, \cdots, x_{jk}$ 在同一时间段同时出现的频率较大，则可以考虑将这两类模式的商品摆放在一起，甚至对这两类商品采用相同的促销模式。特别地，可以将两类不同模式的商品同时出现的可能性推广为不同模式的商品与分类结果出现的可能性研究，或推广为多类不同模式的前后多个时间段出现可能性的研究，如电子商务发展的影响因素与发展水平(结果)的相互关系的可能性研究，汽车产业链前后(时序)发展的可能性研究等。

4.1.2 关联规则概述

关联分析由 R. Agrawal 等人于 1993 年提出，关联分析侧重于确定数据中不同领域之间的联系，找出满足给定支持度和置信度阈值的多个域之间的依赖关系。例如，条形码技术的发展已经使得超级市场能够收集和存储数量巨大的销售数据。一条这样的数据记录通常包括与某个客户相关的交易日期、交易中所购物品项目等。通过对以往的大量的交易数据进行分析就能够获得有关客户购买模式的有用信息，从而提高商业决策的质量。在交易数据项目之间挖掘关联规则的问题是 R. Agrawal 等人首先引入的。其中一个关联规则的例子就是"90%的客户在购买面包和黄油的同时也会购买牛奶"，其直观的意义是，客户在购买某些东西的时候有多大的倾向还会购买另外一些东西。找出所有类似这样的规则，对于确定市场策略是很有价值的。

关联规则的其他应用还包括附加邮递、目录设计、追加销售、仓储规划以及基于购买模式对客户进行划分等。

关联规则的挖掘是数据挖掘的一项重要任务。其目的就是从事务数据库和关系数据库中发现项目集或属性之间的相关性、关联关系、因果关系。

4.1.3　关联分析的基本概念

1. 项目集与数据集

设 $I=\{I_1,I_2,\cdots,I_m\}$ 是 m 个不同项目的集合,称其为项目集,也可简称为项集。含有 k 个项目的项目集称为 $k\_$项目集。例如,集合 $\{\text{computet},\text{software}\}$ 是一个 $2\_$项目集。如果一个项目集不是任何其他项目集的子集,则称此项目集为极大项目集。

2. 事务

事务是项目集 I 的一个子集,即 $T\subset I$。每一个事务都有一个唯一的标识,称作 TID。事务的集合构成一个事务数据库 D。

3. 项目集的支持度

项目集 $X\subset I$ 的支持度是指在事务数据库 D 中包含项目集 X 的事务占整个事务的比例,记为 $\sup(X)$,可将其看作是项目集 X 在总事务中出现的频率,一般定义为

$$\sup(X) = P(X) \approx \frac{X\text{出现次数}}{\text{事务总数 } T} \tag{4.1}$$

支持度应用于出现频率较高的项目集,体现“项目集相对总事务所占的比重”,有时也称为相对支持度。

项目集的出现频率是包含项目集的事务数,简称为项目集的频率、支持度计数或计数,可将其看作绝对支持度。

4. 最小支持度与频繁项目集

最小支持度表示关联规则要求项目集必须满足的最小支持阈值,记为 min_sup,它表示项目集在统计意义下的最低重要性。只有大于或等于最小支持度的项目集才有可能出现在关联规则中。支持度大于或等于用户指定的最小支持度的项目集称为频繁项目集或大项目集,反之称为弱项目集。

5. 候选频繁项目集

候选频繁项目集是指经过概率估算,满足最小概率的项目集。它们可能是频繁项目集,也可能不是频繁项目集。

6. 项目集的置信度

项目集 XY 的置信度是指在事务数据库 D 中,同时含项目集 X 和 Y 的事务与包含项目集 X 的事务的比,即 $\sup(X\cap Y)/\sup(X)$,将其看作项目集 X 出现时,项目集 Y 也出现这一事件在总事务中出现的频率,一般定义为

$$\text{conf}(Y\mid X) = P(Y\mid X) = \frac{P(YX)}{P(X)} \approx \frac{X\cap Y\text{出现次数 / 事务总数 } T}{X\text{出现次数 / 事务总数 } T}$$
$$= \frac{\sup(X\cap Y)}{\sup(X)} = \frac{X\cap Y\text{出现次数}}{X\text{出现次数}} \tag{4.2}$$

置信度体现项目集在另一项目集的影响下相对总事务所占的比重。

7. 关联规则的形式化表示

关联规则可形式化表示为 $X\Rightarrow Y$,其中 $X\subset I,Y\subset I$,且 $X\cap Y=\varnothing$。它表示如果项目集 X 在某一事务中出现,则必然会导致项目集 Y 也会在同一事务中出现。X 称为规则的先决条件(或前件),Y 称为规则的结果(或后件)。

8. 关联规则的支持度、置信度和最小置信度

关联规则 $R:X{\Rightarrow}Y$,其中 $X{\subset}I,Y{\subset}I$,且 $X{\cap}Y=\varnothing$。R 的支持度定义为

$$\sup(R) = \sup(X{\Rightarrow}Y) = \sup(X \cap Y) \tag{4.3}$$

关联规则的支持度表示关联规则所代表的事务占所有事务的百分比。

R 的置信度定义为

$$\mathrm{conf}(R) = \mathrm{conf}(X{\Rightarrow}Y) = P(Y \mid X) = \frac{\sup(X \cap Y)}{\sup(X)} \tag{4.4}$$

关联规则的置信度表示所代表的事务占满足前提条件事务的百分比。

关联规则的最小置信度表示关联规则必须满足的最小置信度,记为 min_conf,它表示关联规则的最低可靠性。

关联规则挖掘就是在事务数据库 D 中找出满足用户指定的最小支持度 min_sup 和最小置信度 min_conf 的所有关联规则。

例 4.1　统计用户主叫号码的业务使用情况,进行业务的关联分析。设有 10 项业务,记 0——语音信箱,…,5——移动秘书,6——信息点播,…,9——呼叫转移,统计的 10 个主叫号码及使用的业务如表 4.1 所示。

表 4.1　10 个主叫号码及使用的业务

主叫号码	使用的业务	主叫号码	使用的业务
139 * * * * 2332	0,5,6,7	138 * * * * 5431	1,2,3,6
138 * * * * 3660	1,5,6,7	139 * * * * 2322	4,5,6,9
139 * * * * 4261	1,4,7	139 * * * * 5176	0,2,3
138 * * * * 8653	8,7,9	139 * * * * 5588	4,5,7,8
139 * * * * 7797	0,1,2,5,6	139 * * * * 1282	3,6,7

记 A 为业务 5,B 为业务 6,T 为事务总数(主叫号码统计数),则业务 AB 出现的支持度为

$$\sup(AB) = P(A \cap B) = \frac{AB \text{ 出现次数}}{\text{事务总数 } T} = \frac{4}{10} = 0.4$$

对于支持度为 0.4 的项目集 AB,规则 $A{\Rightarrow}B$ 的置信度为

$$\mathrm{conf}(A{\Rightarrow}B) = P(B \mid A) = \frac{P(A \cap B)}{P(A)} = \frac{4/10}{5/10} = 0.8$$

同理,规则 $B{\Rightarrow}A$ 的置信度为

$$\mathrm{conf}(B{\Rightarrow}A) = P(A \mid B) = \frac{P(A \cap B)}{P(B)} = \frac{4/10}{6/10} \approx 0.67$$

若用户给出的最小支持度为 0.3,最小置信度为 0.3,则项目集 AB 满足最小支持度,其是一个二项频繁集,$A{\Rightarrow}B$,$B{\Rightarrow}A$ 两条规则满足最小置信度。

一般来说,关联分析可分为两个子问题。

(1) 找出事务数据库中所有的频繁项目集。根据定义,这些项目集出现的频率至少与预定义的最小支持度 min_sup 一样。

(2) 从频繁项目集中产生所有大于最小置信度的关联规则。根据定义,这些规则必须满足最小支持度和最小置信度。

相对来说,第(2)个子问题比较容易解决,目前大多数研究主要集中解决第(1)个子问题。关联规则描述虽然简单,但它的计算量是很大的。假设数据库含 m 个项目,就有 $2m$ 个子集可能是频繁子集,可以证明要找出某一大项目集(大频繁集)是一个 NP 问题。当 m 较大时,要穷尽搜索每一个子集几乎是不可能的,此外,处理数据库中存储的大量记录需要繁重的磁盘 I/O 操作。因此,随着数据库规模的不断增大,数据属性在向高维发展。

4.2　Apriori 算法

Apriori 算法是一种最有影响力的挖掘关联规则频繁项目集的算法,是 R. Agrawal 和 R. Srikant 于 1994 年提出的。Apriori 算法已经被广泛地应用于商业、网络安全等各个领域。该算法利用由少到多,从简单到复杂的循序渐进的方式,搜索数据库的项目相关关系,并利用概率的表示形成关联规则。Apriori 算法的实现是基于关联分析的一种逆单调特性,这种特性也称为 Apriori 属性。Apriori 算法可大致分为以下两步。

(1) 连接(类矩阵运算),即通过对两个符合特定条件的频繁 k_项目集做连接运算,寻找频繁 $k+1$_项目集,而这些频繁集是发现关联规则的基础。

(2) 剪枝(去掉那些没必要的中间结果)。在判断一个项目集是否为频繁集时,如果采用对数据库进行扫描计算的方法,则当频繁集很大的时候,计算效率较低。所谓剪枝就是通过引入一些经验性的或经数学证明过的判定条件,来免除一部分不必要的计算步骤,提高算法效率。

1. 概率基本性质

(1) 任给一个数 C,如果 A 与 B 同时出现的概率 $P(AB)>C$,则 $P(A)>C$。

(2) 任给一个数 C,如果 A 出现的概率 $P(A)<C$,则 $P(AB)<C$。

2. Apriori 特性

Apriori 特性指的是,在给定的事务数据库 D 中,任意频繁项目集的子集都是频繁项目集;任意弱项目集的超集都是弱项目集。

Apriori 特性基于如下观察:如果一个拥有 k 个项目的项目集 I 不满足最小支持度,根据定义,项目集 I 不是一个频繁集,如果往 I 中加入任意一个新的项目得到一个拥有 $k+1$ 个项目的项目集 I',则 I' 不可能比 I 更频繁出现,因此必定也不是频繁集。

该性质也称作反单调性,指如果一个集合不能通过测试,则它的所有超集都不能通过相同的测试。之所以称它为反单调的,是因为在通不过测试的情况下,该性质是单调的。

Apriori 算法的主要思想是利用 Apriori 特性对事务数据库进行多次扫描,从而找到全部的频繁集。

3. 算法过程

(1) 设定最小支持度及最小置信度。

(2) 首先扫描数据库产生候选项目集,若候选项目集的支持度大于或等于最小支持度,则该候选项目集为频繁项目集。

(3) 由数据库读入所有的事务数据,得到候选 1_项目集 C_1 及相应的支持度数据,通过将每个 1_项目集的支持度与最小支持度进行比较,得出频繁 1_项目集 L_1,然后将这些频繁 1_项目集两两进行连接,产生候选 2_项目集 C_2。

(4) 然后再次扫描数据库得到候选 2_项目集 C_2 的支持度,将 2_项目集的支持度与最小支持度进行比较,确定频繁 2_项目集。类似地,利用这些频繁 2_项目集 L_2 产生候选 3_项目集和确定频繁 3_项目集,依此类推。

(5) 反复扫描数据库,与最小支持度进行比较,产生更高项的频繁项目集,再结合产生下一级候选项目集,直到不再结合产生出新的候选项目集为止。

例 4.2 表 4.2 给出了一个具有 9 条数据的模拟事务数据库,表中第一列是事务数据的标识号,第二列是事务数据的项目清单,假定最小支持度计数是 2,最小置信度为 50%,求极大频繁集。

表 4.2　模拟事务数据库(1)

标　识　号	项目清单
T001	I_1, I_2, I_5
T002	I_2, I_4
T003	I_2, I_3
T004	I_1, I_2, I_4
T005	I_1, I_3
T006	I_2, I_3
T007	I_1, I_3
T008	I_1, I_2, I_3, I_5
T009	I_1, I_2, I_3

应用 Apriori 算法的过程如下。

(1) 算法第一次扫描数据库,找出全部的候选 1_项目集和计算每个 1_项目集的支持度。不难发现,模拟事务数据库共有 5 个候选 1_项目集,$C_1 = \{\{I_1\}, \{I_2\}, \{I_3\}, \{I_4\}, \{I_5\}\}$,其支持度如图 4.1 所示。

根据给定的最小支持度计数为 2,则 5 个候选 1_项目集均为频繁 1_项目集,即 $L_1 = \{\{I_1\}, \{I_2\}, \{I_3\}, \{I_4\}, \{I_5\}\}$。

(2) 将 L_1 中的集合两两进行连接,从而得到一个候选 2_项目集,$C_2 = \{\{I_1, I_2\}, \{I_1, I_3\}, \{I_1, I_4\}, \{I_1, I_5\}, \{I_2, I_3\}, \{I_2, I_4\}, \{I_2, I_5\}, \{I_3, I_4\}, \{I_3, I_5\}, \{I_4, I_5\}\}$。算法第二次扫描数据库,得到候选 2_项目集的支持度计数,其支持度计数如图 4.1 所示。

再次与最小支持度计数比较,得到频繁 2_项目集 $L_2 = \{\{I_1, I_2\}, \{I_1, I_3\}, \{I_1, I_5\}, \{I_2, I_3\}, \{I_2, I_4\}, \{I_2, I_5\}\}$。

(3) 在 L_2 的基础上,选择有且只有一个相同元素的两个频繁 2_项目集进行连接,生成的 3_项目集分别是 $\{I_1, I_2, I_3\}, \{I_1, I_2, I_5\}, \{I_1, I_2, I_4\}, \{I_1, I_3, I_5\}$ 和 $\{I_2, I_3, I_4\}$,共 5 项。然而,根据 Apriori 特性,频繁 3_项目集的子集必然也是频繁项目集。由于 $\{I_1, I_4\}、\{I_3, I_4\}$ 和 $\{I_3, I_5\}$ 不是频繁 2_项目集,故只需考虑集合 $\{I_1, I_2, I_3\}$ 和 $\{I_1, I_2, I_5\}$。

(4) 算法第三次扫描数据库,计算 $C_3 = \{\{I_1, I_2, I_3\}, \{I_1, I_2, I_5\}\}$ 的支持度计数,结果如

图 4.1 所示。显然,两个候选 3_项目集均是频繁集,则 $L_3 = \{\{I_1, I_2, I_3\}, \{I_1, I_2, I_5\}\}$。

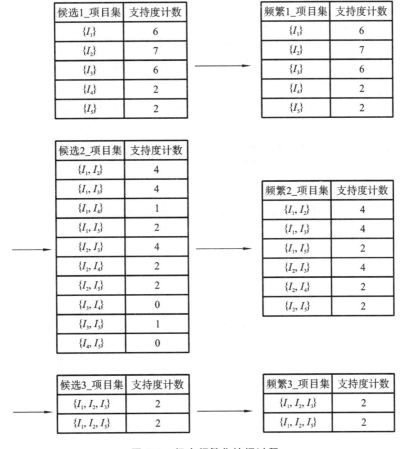

图 4.1 极大频繁集挖掘过程

(5) 最后将 L_3 的两个集合进行连接,得到 $C_4 = \{\{I_1, I_2, I_3, I_5\}\}$,然而根据 Apriori 特性,由于 $\{I_2, I_3, I_5\}$ 非频繁 3_项目集,故无需扫描数据库,直接排除 $\{I_1, I_2, I_3, I_5\}$,即不存在频繁 4_项目集。

(6) 所以 $\{I_1, I_2, I_3\}$,$\{I_1, I_2, I_5\}$ 是极大频繁集。根据两组频繁 3_项目集可得到候选关联规则,如表 4.3 所示。算法再次扫描数据库,计算每条候选关联规则的置信度,并与最小置信度进行比较,得出关联规则,见表 4.3 带(∗)部分所列。

表 4.3 关联规则及置信度

候选关联规则	置 信 度	候选关联规则	置 信 度
$I_1, I_2 \Rightarrow I_3$(∗)	$2/4 = 50\%$	$I_1, I_2 \Rightarrow I_5$(∗)	$2/4 = 50\%$
$I_2, I_3 \Rightarrow I_1$(∗)	$2/4 = 50\%$	$I_2, I_5 \Rightarrow I_1$(∗)	$2/2 = 100\%$
$I_3, I_1 \Rightarrow I_2$(∗)	$2/4 = 50\%$	$I_5, I_1 \Rightarrow I_2$(∗)	$2/2 = 100\%$
$I_1 \Rightarrow I_2, I_3$	$2/6 \approx 33\%$	$I_1 \Rightarrow I_2, I_5$	$2/6 \approx 33\%$
$I_2 \Rightarrow I_3, I_1$	$2/7 \approx 29\%$	$I_2 \Rightarrow I_5, I_1$	$2/7 \approx 29\%$
$I_3 \Rightarrow I_1, I_2$	$2/6 \approx 33\%$	$I_5 \Rightarrow I_1, I_2$(∗)	$2/2 = 100\%$

4. 关联规则的生成

Apriori 算法给出了如何寻找极大频繁集的方法,当找到了极大频繁集后,如何将其表示成符合条件的关联规则呢?

给定一个极大频繁集{A,B},可以得到两条关联规则 A⇒B 和 B⇒A。假设项目集 A 的支持度为 a,B 的支持度为 b,AB 的支持度为 c,则两条关联规则的置信度的计算公式可表示为

$$A{\Rightarrow}B\text{:Confidence}(A{\Rightarrow}B) = P(B/A) = \sup(A \cap B)/\sup(A) = c/a$$
$$B{\Rightarrow}A\text{:Confidence}(B{\Rightarrow}A) = P(A/B) = \sup(A \cap B)/\sup(B) = c/b$$

因为 Apriori 在生成频繁集时,分别记录了每个频繁集的构成项目和支持度,因此,计算关联规则的置信度是容易的。

5. Apriori 算法存在的缺陷

(1) 由频繁 k_项目集进行自连接生成的候选频繁 k_项目集的数量巨大。在验证候选频繁 k_项目集的时候需要对整个数据库进行扫描,非常耗时。

(2) 由于 Apriori 算法需要反复对数据库进行扫描,当存在长度较大的频繁集时会增加扫描数据库的次数,而当数据库容量非常大时,又会增加每次扫描数据库的时间。因此,对 Apriori 算法进行改进的一个重要方向是降低其耗时、提高其效率,使其能够应用在大数据集上。

4.3　基于 Apriori 算法的改进算法

1. 哈希方法

哈希方法可用于减少生成候选 k_项目集。例如,在生成候选 2_项目集时,不对频繁 1_项目集进行两两连接,而直接对数据库进行扫描。每当扫描一条事务数据时,将事务数据中可能出现的候选 2_项目集通过哈希函数放入哈希桶中并修改相应的桶的计数器。在读取完全部的事务数据后,可根据最小支持度检查每个哈希桶的计数器,于是可以直接排除一部分未能达到最小支持度的候选频繁集,因为候选频繁集的生成是基于事务数据的,因此利用该技术可避免生成支持度为 0 的候选集。然而,算法需要耗费一定的内存空间记录每个哈希桶中的全部候选 2_项目集的内容,在数据库非常庞大的时候会面临资源不足的风险,此外,当一个哈希桶中存放的候选 2_项目集有多种时,对频繁 2_项目集的判断是相对复杂的,这也是哈希方法的不足之处。

2. 减少事务数据方法

减少事务数据方法的主要假设是,如果一个事务数据不能支持任一个频繁 k_项目集,那么它也不能支持任一个频繁 $k+1$_项目集。该方法在为确定频繁 k_项目集而扫描数据库的同时,标识每一条数据是否能支持最少一个频繁 k_项目集,在数据库扫描结束后,将不能支持任何一个频繁 k_项目集的事务数据在数据库中进行删除,从而减少了算法下一次扫描数据库所需要的时间。

3. 划分方法

划分方法的步骤如下。将一个大的事务数据库划分为若干个规模较小的事务数据库，然后在各个小事务数据库中挖掘极大频繁集。假定大数据库 D 划分为 n 个互不相交的小数据库 D_i，$i=1,2,\cdots,n$。若大数据库的最小支持度为 $S\%$，那么第 i 个小数据库的最小支持度计为 $S\cdot|D_i|$。从每个小数据库中找到的极大频繁集可称作局部极大频繁集，而大数据库 D 的极大频繁集相应称作全局极大频繁集。由于全局极大频繁集必然在某个小数据库中是极大频繁集，因此，将全部的局部极大频繁集汇总起来可形成候选全局极大频繁集，然后再一次扫描大数据库 D，计算每个候选全局极大频繁集的支持度，最后和全局最小支持度计数 $S\cdot|D_i|$ 进行比较，即可得到全局极大频繁集。

4. 抽样方法

抽样方法实际上是牺牲精度换取速度的方法。该方法首先从事务数据库中随机抽取一定数量的样本作为一个样本数据库 S，算法将在样本数据库 S 中挖掘极大频繁集。找到的极大频繁集可作为整个数据库的候选频繁集，通过扫描一次数据库，计算候选极大频繁集的支持度，即可确定整个数据库的极大频繁集。整个算法只对数据库进行一次扫描，因此在效率上会有显著的提高。然而，这种方法存在遗漏极大频繁集的可能性。一种可取的方法是适当地降低最小支持度来获得更多的候选极大频繁集，也可以通过多次抽样汇总候选极大频繁集的方法，或其他机制来检验是否存在遗漏的可能。这种方法主要用在对效率有很高要求和经常需要运算的情况。

5. 其他方法

除了上述一些普遍受人们认同的改进方法以外，还有许多算法从不同思路实现了对算法效率的提高。实验数据表明，这些方法在不同程度上取得了一定的成功。

（1）AprioriTid 算法。

AprioriTid 算法是一个能有效缩减数据库的方法。算法的第一步是扫描数据库，统计出频繁 1_项目集，同时生成集合 $\overline{c_1}$；在第 k 步，由 $k-1$ 步生成的频繁 $(k-1)$_项目集 L_{k-1} 生成候选频繁项目集 C_k，然后搜索 $\overline{c_{k-1}}$ 来计算 C_k 中项目的支持度，同时生成 $\overline{c_k}$。

（2）FAHA 算法。

FAHA 算法对于 2_项目集的生成引入了支持度矩阵。该算法首先扫描数据库得到频繁 1_项目集 L_1，得到候选频繁项目集 C_2。在计算 C_2 的支持度的时候，采用了支持度矩阵（见图 4.2），同时在计算的过程中，把包含候选频繁项目集的个数小于最小支持度的事务从 TID 数组中删除。在验证候选频繁 2_项目集和候选频繁 3_项目集的时候采用 Apriori 算法，并在验证候选频繁 3_项目集的同时，生成 AprioriTid 算法需要的数据。

	A	B	C	D
A		AB	AC	AD
B	BA		BC	BD
C	CA	CB		CD
D	DA	DB	DC	

图 4.2　支持度矩阵

4.4　FP-Growth 算法

除了 Apriori 经典算法以及基于 Apriori 的若干改进算法外,对关联规则领域有着重大贡献的另一种算法是频繁模式增长(frequent pattern growth,FP-Growth)算法。FP-Growth算法运用了一种专门为其设计的称作频繁树的存储结构来存储事务数据,这种树型结构利用节点共用的存储方式对数据库的存储空间进行了极大的压缩,而 FP-Growth算法则是能够在不生成候选频繁集的情形下在频繁树上直接搜索出全部的频繁集的一种算法。

1. 频繁树

频繁树是一种针对事务数据的树型存储结构,对事务数据库具有较高的压缩比。该树型结构具有一个根节点,每一条事务数据中的所有项目都按照一定的顺序存储在频繁树的节点当中,每个节点都有一个项目标识号指向事务数据库的一个项目,还有一个计时器用于存储该项目出现的次数。

例 4.3　根据表 4.4 所示的模拟事务数据库,构造一棵频繁树。

表 4.4　模拟事务数据库(2)

标　识　号	项　目　清　单
T001	I_2, I_1, I_5
T002	I_2, I_4
T003	I_2, I_3
T004	I_2, I_1, I_4
T005	I_1, I_3
T006	I_2, I_3
T007	I_1, I_3
T008	I_2, I_1, I_3, I_5
T009	I_2, I_1, I_3

解　首先对数据库进行一次扫描,列出全部的项目,并计算相应的支持度,根据每个项目的支持度,由大到小将各个项目进行排序,则 5 个项目公共的次序如图 4.3 所示,排序后的新事务数据如表 4.5 所示。

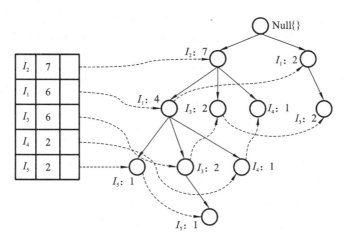

图 4.3 频繁树结构图示

表 4.5 排序后的新事务数据

项目	支持度计数
$\{I_1\}$	6
$\{I_2\}$	7
$\{I_3\}$	6
$\{I_4\}$	2
$\{I_5\}$	2

频繁树在初始状态下只有一个根节点 Null,首先对 T001 进行操作,由于根节点下无任何节点,故首先插入一个根节点的子节点,记为 I_2;由于 I_2 下没有子节点,同理插入一个 I_1 的子节点,最后在 I_1 下插入一个 I_5 的子节点,如图 4.3 所示的频繁树的左侧节点,并将各节点的计数器记为 1,完成 T001 的操作。对 T002,由于频繁树已有一个 I_2 节点,故不需要新增节点,只需给 I_2 节点的计数器加 1;对 I_4,因为 I_2 的子节点中只有 I_1,故需要插入一个 I_2 的子节点并记为 I_4,将其计数器记为 1。按照相同的方法对全部的事务数据进行操作,即得到频繁树。从根节点开始对频繁树进行深度遍历,即可得到全部的事务数据。

观察频繁树可以发现,除了优先次序最高的项目只有一个节点外,其余的项目均可能有多个节点,为了使对频繁树的遍历更加简易,可以加入一个表头,将表示相同项目的不同节点串连起来,如图 4.3 所示。这就形成了一棵完整的频繁树。

2. FP-Growth 算法实现过程

FP-Growth 算法最大的特点是无需生成候选频繁集而直接找出全部的频繁集,比 Apriori 一类的关联规则挖掘方法有着极大的速度优势。算法实现过程如下。

(1) 从优先度最低的项目开始,从 FP-Tree 获取条件模式基。条件模式基是以所查找元素项为结尾的路径集合,表示的是所查找的元素项与树根节点之间的所有内容。利用条件模式基,构建关于该项目的条件频繁树。

(2) 对于条件频繁树,根据最小支持度,进行剪枝,删除小于最小支持度的节点。

（3）对经过剪枝后的条件频繁树提取频繁集,得到所有包含该项目的频繁集。

（4）按照优先度的逆序,选择下一个项目,重复步骤（1）～（3）,找到全部包含该项目的频繁集。

（5）直到找到全部包含优先度最高的项目的频繁集,算法结束。

以例 4.3 的频繁树为例,FP-Growth 算法的实现过程如下。

（1）首先选择优先度最低的项目 I_5,由频繁树可知,共有 2 个分支包含 I_5,分别是 $\{I_2,I_1,I_5\}$（T001）和 $\{I_2,I_1,I_3,I_5\}$（T008）,构造 I_5 的条件频繁树,由于 I_3 的支持度为 1,故可直接删去,则 I_5 的条件频繁树只有 1 个分支,即 $I_2 \rightarrow I_1$,故包含 I_5 的频繁集有 $\{I_2,I_5\}$、$\{I_1,I_5\}$ 和 $\{I_2,I_1,I_5\}$。

（2）然后选择项目 I_4,包含 I_4 的分支有 2 个,分别是 $\{I_2,I_1,I_4\}$（T004）和 $\{I_2,I_4\}$（T002）。构造关于 I_4 的条件频繁树,同样的,由于在条件频繁树中 I_1 的支持度为 1,故包含 I_4 的频繁集只有 $\{I_2,I_4\}$。

（3）接着选择项目 I_3,包含 I_3 的事务数据共有 6 条,分支共有 3 个,构造关于 I_3 的条件频繁树,包含 I_3 的频繁集有 $\{I_2,I_3\}$、$\{I_1,I_3\}$ 和 $\{I_2,I_1,I_3\}$。

（4）最后选择项目 I_1,包含 I_1 的事务数据共有 6 条,分支共有 2 个。构造 I_1 的条件频繁树,其只有 1 个分支,故包含 I_1 的频繁集只有 $\{I_2,I_1\}$。

值得注意的是,在选取分支构造条件频繁树的时候,分支上包含的已处理项目不需要考虑,因为所有包含已处理项目的频繁集已经全数找出,故只需考虑未处理的频繁集。结果分别如表 4.6 及图 4.4 所示。

表 4.6　条件频繁树与频繁集

项目	条件模式基	条件频繁树	频　繁　集
I_5	$\{(I_2,I_1:1),(I_2,I_1,I_3:1)\}$	$<I_2:2,I_1:2>$	$I_2 I_5:2,\quad I_1 I_5:2,\quad I_2 I_1 I_5:2$
I_4	$\{(I_2,I_1:1),(I_2:1)\}$	$<I_2:2>$	$I_2 I_4:2$
I_3	$\{(I_2,I_1:2),(I_2:2),(I_1:2)\}$	$<I_2:4,I_1:2>,<I_1:2>$	$I_2 I_3:4,\quad I_1 I_3:2,\quad I_2 I_1 I_3:2$
I_1	$\{(I_2:4)\}$	$<I_2:4>$	$I_2 I_1:4$

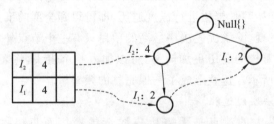

图 4.4　条件频繁集图示

然而,当数据库很大时,利用内存空间建立频繁树是不切实际的。一种可行的方法是将大数据集划分为若干个投影数据集,然后对每个投影数据集建立频繁树,从而突破内存的限制。有关文献表明,FP-Growth 算法对挖掘频繁集具有很好的扩展性能和运算速度。FP-Growth算法的耗时大约比经典 Apriori 算法的低一个数量级。

4.5　关联规则案例

4.5.1　销售记录分析案例

在沃尔玛超市,有管理人员在分析销售记录时发现,顾客在购买尿布的同时,往往会同时购买啤酒,这就是本章开头提到的购物篮问题。分析商品与商品之间的关联,将有助于商店的管理者调整商品的布局,将相关联的商品摆放在一起,在一定程度上有助于商品的销售。

本节以一个简单的购物篮问题为例,介绍如何在 Python 中实现 Apriori 算法。

1. 加载数据

```python
def loadDataSet():
    """ 加载数据集 """
    dataSet=[["牛奶","西红柿"],
             ["西红柿","尿布","啤酒","白菜"],
             ["牛奶","尿布","啤酒","可乐"],
             ["西红柿","牛奶","尿布","啤酒"],
             ["西红柿","牛奶","尿布","可乐"]]
    return dataSet
```

数据集 dataSet 是一个二维数组,每一行代表一位顾客购买的商品记录,这种数据格式便于 Apriori 算法进行处理。

2. 算法构建

(1) 函数 seekCand_1()实现了在购买记录中寻找候选 1_项目集,参数 dataSet 为加载的数据集。

```python
def seekCand_1(dataSet):
    """生成候选 1_项目集"""
    C1=[]
    for data in dataSet:            # 遍历原数据集的每一个项目集
        for item in data:           # 遍历每一项
            if [item] not in C1:    # 将不同项的集合作为候选 1_项目集
                C1.append([item])
    return C1
```

(2) 函数 seekFreqSet_k()用于在候选 k_项目集中根据支持度筛选出频繁 k_项目集。有 3 个参数,dataSet 为原始加载的数据集,Ck 为候选 k_项目集,minSupport 为必须满足的最小支持度。

```python
def seekFreqSet_k(dataSet,Ck,minSupport):
    """ 由候选 k_项目集选取频繁 k_项目集 """
    item_num={}
    for data in dataSet:
```

```
        for item in Ck:
            item= frozenset(item)    # 映射为 frozenset 类型,可作为字典的 key
            if item.issubset(set(data)):
                                    # 记录每一项在数据中出现的次数
                if item not in item_num.keys():item_num[item]= 1
                else:item_num[item]+ = 1
    retList= []                     # 保存频繁 k_项目集的列表
    supportData= {}                 # 保存项目集对应的支持度字典
    for key in item_num:
        support= item_num[key]/len(dataSet)    # 支持度计算
        if support> = minSupport:   # 若大于最小支持度,则保存
            retList.append(key)
            supportData[key]= support
    return retList,supportData
```

（3）函数 seekCand_k()用于实现由频繁 k-1_ 项目集寻找候选 k_ 项目集,函数有 1 个参数 ,freqSet 为前面生成的频繁项目集,即频繁 k-1_ 项目集 。

```
    def seekCand_k(freqSet):
        """ 生成候选 k_项目集"""
        retList= []                 # 保存返回的项目集
        for i in range(len(freqSet)):
            for j in range(i+ 1,len(freqSet)):
                L1= list(freqSet[i])[:- 1];L2= list(freqSet[j])[:- 1]
                                # Apriori 思想核心
                # 两个不同的 k- 1_项目集,若排序后前 k- 2 个元素相同
                if sorted(L1)= = sorted(L2):
                    # 则将这两项求并集作为候选 k_项目集
                    retList.append(frozenset(freqSet[i]|freqSet[j]))
        return retList
```

（4）函数 allFreqSet()用于生成完整的频繁项目集。函数有两个参数,dataSet 为原始加载的数据集,minSupport 为支持度(可选),默认为 0.6。

```
    def allFreqSet(dataSet,minSupport= 0.6):
        Ck= seekCand_1(dataSet)              # 生成候选 1_项目集
        supportData= {};freqSet= []
        while True:
            # 生成频繁 k_项目集
            freqSet_k,supK= seekFreqSet_k(dataSet,Ck,minSupport)
            if not freqSet_k:break           # 若没有频繁 k_项目集,则结束
            supportData.update(supK)         # 扩展支持度字典
            freqSet.append(freqSet_k)        # 添加新的频繁项目集
            Ck= seekCand_k(freqSet_k)        # 生成候选频繁 k_项目集
        return freqSet,supportData
```

（5）函数 seekRules()用于寻找频繁 k_项目集中可能的关联规则。有四个参数:

freqItem_k 为频繁 k_项目集；freqItems 为找到的完整频繁项目集；supportData 为频繁项目集对应的支持度字典；minConf 为最小置信度（可选），默认为 0.7。

```
def seekRules(freqItem_k,freqItems,supportData,minConf= 0.7):
    """ 获取关联规则 """
    freqS_m= []
    for conseq in freqItems:                      # 遍历每一项
        # 计算置信度
        conf= supportData[freqItem_k]/supportData[freqItem_k- conseq]
        if conf> = minConf:                        # 若大于最小置信度,则打印规则
            print(list(freqItem_k- conseq),'- - > ',list(conseq),'conf:',
conf)
            freqS_m.append(conseq)
    freqS_m= seekCand_k(freqS_m)                  # 生成 m+ 1_项目集
    seekRules(freqItem_k,freqS_m,supportData,minConf)
```

（6）函数 generateRules()调用 seekRules()生成关联规则,有三个参数：freqSet 为找到的完整频繁项目集；supportData 为项对应的支持度字典；minConf 为最小置信度（可选），默认为 0.7。

```
def generateRules(freqSet,supportData,minConf= 0.7):
    """ 生成关联规则 """
    for i in range(1,len(freqSet)):  # 从频繁 2_项目集开始
        for freqSet_k in freqSet[i]:
            # 将项目集中的项单独分开
            freqItems= [frozenset([item]) for item in freqSet_k]
            # 关联规则处理
            seekRules(freqSet_k,freqItems,supportData,minConf)
```

生成关联规则的代码如下：

```
dataSet= loadDataSet()                        # 加载数据集
freqSet,supportData = allFreqSet (dataSet) # 生成频繁项目集,使用默认
minSupport
generateRules(freqSet,supportData)           # 生成关联规则,使用默认 minConf
```

3. 结果分析

销售记录数据集的关联规则挖掘结果如表 4.7 所示,由表第三行可知,当顾客买西红柿的时候,有 75% 的可能性会同时购买牛奶。

表 4.7 挖掘到的关联规则及置信度(1)

if	then	置信度
啤酒	尿布	100%
西红柿	牛奶	75%
牛奶	西红柿	75%
西红柿	尿布	75%
尿布	西红柿	75%

if	then	置信度
尿布	啤酒	75%
牛奶	尿布	75%
尿布	牛奶	75%

4.5.2　商品购买记录分析案例

上一节介绍了一个简单的购物篮问题,在实际应用中,要处理的购物篮数据集可能更为复杂。本节将基于一个商品购买记录数据集进行商品间的关联规则挖掘。

1. 加载数据

数据集共有 9835 条销售记录,每一行表示一个顾客的一次购买记录,每一行有两列:第一列为 userId(顾客标识);第二列为购买商品集合(商品项目集),在项目集中,商品之间用",",分开。

用函数 loadDataSet()加载数据集,参数 filename 为文件名。函数代码如下:

```
def loadDataSet(filename):
    """ 加载数据集 """
    with open(filename,encoding="UTF-8") as file_object:
        lines=file_object.readlines()[1:]
    return lines
```

加载数据集后,前 10 行的数据如下:

```
"1","{citrus fruit,semi-finished bread,margarine,ready soups}"
"2","{tropical fruit,yogurt,coffee}"
"3","{whole milk}"
"4","{pip fruit,yogurt,cream cheese ,meat spreads}"
"5"," {other vegetables, whole milk, condensed milk, long life bakery
product}"
"6","{whole milk,butter,yogurt,rice,abrasive cleaner}"
"7","{rolls/buns}"
"8"," {other vegetables, UHT - milk, rolls/buns, bottled beer, liquor
(appetizer)}"
"9","{pot plants}"
"10","{whole milk,cereals}"
```

由前面的内容可知,这种格式无法直接在 Apriori 算法中进行分析,必须对数据做预处理,使数据集符合 Apriori 算法的格式要求。

2. 数据预处理

上面加载的数据集中,第一列数据为顾客标识,是无用列;第二列为购买商品集合,应将每一个商品由",",分开,存储在一个列表中,作为二维数组的一行。

函数 dataHandle()实现了数据预处理代码,将数据集转化为满足 Apriori 算法的格式要求,参数 lines 为待处理的原始数据。代码如下:

```
def dataHandle(lines):
    """ 数据预处理 """
    dataSet= []
    for line in lines:
        line= line.split("{")[1].split("}")[0].split(",")
        dataSet.append(line)
    return dataset
```

处理后的数据集满足 Apriori 算法的格式要求,前 10 行的数据如下:

```
['citrus fruit','semi- finished bread','margarine','ready soups']
['tropical fruit','yogurt','coffee']
['whole milk']
['pip fruit','yogurt','cream cheese','meat spreads']
['other vegetables','whole milk','condensed milk','long life bakery
product']
['whole milk','butter','yogurt','rice','abrasive cleaner']
['rolls/buns']
['other vegetables','UHT- milk','rolls/buns','bottled beer','liquor
(appetizer)']
['pot plants']
['whole milk','cereals']
```

3. 关联规则挖掘

基于处理后的数据集,调用上一节实现的 Apriori 算法进行商品关联规则分析,完整代码如下:

```
filename= r"Groceries.csv"
lines= loadDataSet(filename)                        # 加载数据集
dataSet= dataHandle(lines)                          # 进行数据预处理
freqSet,supportData = allFreqSet (dataSet,0.01)     # 生成频繁项目集,
minSupport 为 0.01
generateRules(freqSet,supportData,0.4)# 生成关联规则,minConf 为 0.4
```

由于数据集中的销售记录和商品种类较多,这里将支持度 minSupport 设置为 0.01,读者可根据实际情况自行选择合适的 minSupport 进行关联规则分析。

4. 结果分析

商品购买记录数据集的关联规则挖掘结果如表 4.8 所示,由表中第二行可知,当顾客买黄油的时候,有 49.7% 的可能性会同时购买全脂牛奶。

表 4.8　挖掘到的关联规则及置信度(2)

if	then	置信度
butter	whole milk	49.7%
curd	whole milk	49.0%
root vegetables	whole milk	44.9%
sugar	whole milk	44.4%

续表

if	then	置信度
root vegetables	other vegetables	43.5%
hamburger meat	other vegetables	41.6%
tropical fruit	whole milk	40.3%
yogurt	whole milk	40.2%

4.5.3　电影推荐案例

在各种在线视频网站中,若能基于用户观看视频后的评分数据对用户进行有效的视频推荐,则可极大地提高用户体验,同等情况下提高用户浏览视频网站的效率。

本节将使用 Apriori 算法实现基于 movielens 数据集的用户电影推荐。

1. 加载数据

数据集 movielens 包含 2000 多万条用户的电影评分记录,这里选取前 10 万条数据进行分析,下面列出了该数据集的前 5 行数据。每一行数据有 4 个特征,分别为用户标识(userId)、电影标识(movieId)、评分数据(rating)和时间戳(timestamp)。

```
userId   movieId   rating   timestamp
1        2         3.5      1112486027
1        29        3.5      1112484676
1        32        3.5      1112484819
1        47        3.5      1112484727
1        50        3.5      1112484580
```

函数 loadDataSet() 的功能是加载数据集,它有一个参数 filename,是电影评分文件的地址,代码如下:

```
def loadDataSet(filename):
    """ 加载数据集 """
    dataSet= []
    with open(filename,encoding= "UTF- 8") as file_object:    # 读取文件
        lines= file_object.readlines()[1:100001]    # 选取前 10 万条数据
        for line in lines:
            line= line.strip().split(",")        # 将每一行中的数据用","分开,得到一
个列表
            dataSet.append(line)                  # 保存每一行中的数据
    return dataset
```

2. 数据预处理

上一步加载出的数据集的数据格式并不符合 Apriori 算法的数据处理格式,所以需要进行数据预处理。首先,时间信息并不是必需的,可以删除;评分低的行对推荐没有作用,可以删除;然后,将同一用户观看的电影合并为一行。函数 dataHandle() 可用于实现数据的预处理,参数 dataSet 为原始加载的数据集,函数返回符合 Apriori 算法格式的数据集。代码如下:

```
def dataHandle(dataSet):
    """ 数据预处理 """
    user_movie= {}
    for data in dataSet:
        if float(data[2])> = 4.0:    # 若评分记录大于 4 分,则说明用户喜欢这部电影
            if data[0] in user_movie.keys():    # 该用户已经处理过
                user_movie[data[0]].append(data[1])
            else:                               # 该用户没有处理过
                user_movie[data[0]]= [data[1]]
    retData= list(user_movie.values())
    return retData
```

函数 replaceName()将电影标识(movieId)替换为电影名,使结果的可读性更强。函数有两个参数:filename 为包含电影标识和电影名的文件地址;dataSet 为上一步得到的数据集。这里使用到 Python 自带的 re 库,re 库可以使用正则表达式对字符串进行特定的处理,代码如下:

```
import re                                      # 加载 re 库
def replaceName(filename,dataSet):
    """ 将 movieId 替换为电影名 """
    id_movieName= {}                           # 用于保存电影标识和电影名的字典
    with open(filename,encoding= "UTF- 8") as file_object:
        lines= file_object.readlines()[1:]
        for line in lines:
            movieId= line.split(",")[0]        # 提取电影标识
            name= re.findall(r",(.* ),",line)[0] # 提取电影名
            id_movieName[movieId]= name
    for data in dataSet:
        for i in range(len(data)):
            data[i]= id_movieName[data[i]]     # 将电影标识替换为电影名
    return dataSet
```

3. 关联规则挖掘

使用上一步得到的数据进行电影关联规则挖掘,代码如下:

```
filename1= r"ml- 20m\ratings.csv"
filename2= r"ml- 20m\movies.csv"
dataSet= loadDataSet(filename1)                # 加载数据集
dataSet= dataHandle(dataSet)                   # 进行数据预处理
dataSet= dataHandle.replaceName(filename2,dataSet) # 替换电影名
freqSet,supportData= allFreqSet(dataSet,0.1)   # 生成频繁项集,minSupport
为 0.1
generateRules(freqSet,supportData,0.7)         # 生成关联规则,minConf
为 0.7
```

由于已经进行了评分筛选,考虑到数据集较大、电影类别分散,这里的支持度选为 0.1,读者可自行选择合适的支持度进行分析。

4. 结果分析

表 4.9 为置信度最高的结果表。由第二行可知，当用户喜欢看电影 Star Trek Ⅱ：The Wrath of Khan(1982)时，该用户有 82.2％的可能性会喜欢看电影 Star Wars：Episode Ⅳ-A New Hope(1977)。关联规则算法有助于视频网站对用户做出更有针对性的影片推荐。

表 4.9　挖掘到的关联规则及置信度(3)

if	then	置信度
Star Trek Ⅱ：The Wrath of Khan (1982)	Star Wars：Episode Ⅳ-A New Hope (1977)	82.2％
Lock，Stock ＆ Two Smoking Barrels (1998)	Pulp Fiction(1994)	82.1％
Snatch(2000)	Pulp Fiction(1994)	80.3％
Star Wars：Episode Ⅴ-The Empire Strikes Back(1980)	Star Wars：Episode Ⅳ-A New Hope (1977)	78.6％
Kill Bill：Vol. 2(2004)	Pulp Fiction(1994)	78.3％
Star Wars：Episode Ⅰ-The Phantom Menace(1999)	Star Wars：Episode Ⅳ-A New Hope (1977)	74.0％
Platoon(1986)	Pulp Fiction(1994)	72.2％
Sling Blade(1996)	Pulp Fiction(1994)	70.7％

第5章 决 策 树

5.1 概 述

各个领域的人工智能实现,常常要涉及这样的问题:从实际问题提取数据,并从数据中提炼一组推理规则,以支持用知识推理实现智能的功能。知识规则一般以"原因——结果"的形式表示。一般地,获取知识规则可以通过对样本集 $\{(x_1^{(k)}, x_2^{(k)}, \cdots, x_n^{(k)}, y^{(k)}) | k = 1, 2, \cdots, m\}$ 建模实现。由于推理结果是有限个,即 y 的取值是有限的,所以这样的建模属于分类问题。在实际应用中,决定分类结果的可能只是几个主要影响因素,即结果不依赖于全部因素,因此,知识规则的提取,可以转换为这样的问题:某一分类下哪些是主要影响因素,这些主要影响因素与分类结果的因果规则表示如何获取? 决策树就是解决这些问题的方法之一。

基于决策树的学习算法是以一组样本数据集(一个样本数据也可以称为实例)为基础的归纳学习算法,它着眼于从一组无次序、无规则的样本数据(概念)中推理出决策树表示形式的分类规则。假设这里的样本数据能够用"属性—结论"的方式表示。

决策树是一个可以自动对数据进行分类的树型结构,是树型结构的知识表示可以直接转换为分类规则。它能被看作是基于树型的预测模型,树的根节点是整个数据集合空间,每个分节点对应一个分裂问题,它是对某个单一变量的测试,该测试将数据集合空间分割成两个或更多的数据块,每个叶节点是带有分类结果的数据分割。决策树也可解释为一种特殊形式的规则集,其特征是规则的层次组织关系。决策树算法主要针对以离散型变量作为属性类型进行分类的学习方法。对于连续型变量,其必须被离散化才能被学习和分类。

基于决策树学习算法的一个最大的优点在于它在学习过程中不需要了解很多的背景知识,只根据样本数据集提供的信息就能够产生一棵决策树,树节点的分叉判别可以使某一分类问题仅与主要的树节点对应的变量属性取值相关,即不需要全部变量取值来判别对应的分类。

5.1.1 决策树基本算法

一棵决策树的内部节点是属性或者是属性的集合,而叶节点就是学习划分的类别或结论,内部节点的属性称为测试属性或分裂属性。

当通过对一组样本数据集的学习产生了一棵决策树之后,就可以对一组新的未知数据进行分类。使用决策树对数据进行分类的时候,采用自顶向下的递归方法,对决策树内部节点进行属性值的判断比较并根据不同的属性值决定走向哪一条分支,在叶节点处就得到了新数据的类别或结论。

从上面的描述可以看出,从根节点到叶节点的一条路径对应着一条合取规则,而整棵决策树对应着一组合取规则。

例如,图 5.1 所示的就是一棵决策树,其中 A、B、C 表示属性名,a_1、a_2、b_1、b_2、c_1、c_2 分别表示属性 A、B、C 的取值。

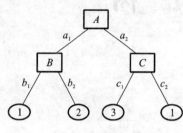

图 5.1　简单决策树

当属性 A 的取值为 a_1,属性 B 的取值为 b_2 时,它属于第 2 类。

根据决策树内部节点的各种不同属性,可以将决策树分为以下几种。

(1) 当决策树的每一个内部节点都只包含一个属性时,其称为单变量决策树;当决策树存在包含多个变量的内部节点时,其称为多变量决策树。

(2) 根据测试属性的不同属性值的个数,可能使得每一个内部节点有两个或者是多个分支,如果每一个内部节点只有两个分支,则称之为二叉决策树。

(3) 分类结果可能是两类也可能是多类,而二叉决策树的分类结果只能有两类,故也称之为布尔决策树。

5.1.2　CLS 算法

CLS 算法是 1966 年由 Hunt 等人提出的。它是最早期的决策树学习算法。后来的许多决策树学习算法都可以看作是 CLS 算法的改进与更新。

CLS 算法的思想就是从一个空的决策树出发,根据样本数据不断增加新的分支节点,直到产生的决策树能够正确地将样本数据集分类为止。

CLS 算法的步骤如下。

(1) 令决策树 T 的初始状态只含有一个树根 (X,Q)。其中,X 是全体样本数据的集合,Q 是全体测试属性的集合。

(2) 如果 T 中所有叶节点 (X',Q') 都有如下状态:若 X' 中的样本数据都属于同一个类,或者 Q' 为空,则停止执行学习算法,学习的结果为 T。

(3) 否则,选取一个不具有(2)所描述状态的叶节点 (X',Q')。

(4) 对于 Q',按照一定规则选取属性 $b \in Q'$,设 X' 根据 b 的不同取值分为 m 个不相交的子集 X_i',$1 \leqslant i \leqslant m$,从 (X',Q') 伸出 m 个分支,每个分支代表属性 b 的一个不同取值,从而形成 m 个新的叶节点 $(X_i',Q'-\{b\})$,$1 \leqslant i \leqslant m$。

(5) 转(2)。

在算法的步骤(4)中,并没有明确说明按照怎样的规则和标准来选取测试属性,所以 CLS 算法有很大的改进空间,而后来很多的决策树学习算法都是采取了各种各样的规则和标准来选取测试属性,所以说后来的各种决策树学习算法都是 CLS 算法的改进与更新。

5.1.3　信息熵

Shannon 在 1948 年提出并发展了信息论的观点,主张用数学方法度量和研究信息,提出了以下概念。决策树学习算法是以信息熵为基础的,这些概念将有助于读者理解后续的算法。

（1）自信息量。接收者在收到信息符号 a_i 之前,将信源 X 发出 a_i 的不确定性定义为信息符号 a_i 的自信息量 $I(a_i) = -\log_2 p(a_i)$,其中,$p(a_i)$ 是信源 X 取值为 a_i 的概率。自信息量反映了接收 a_i 的不确定性,自信息量越大,不确定性越大。

（2）信息熵。自信息量只能反映符号的不确定性,而信息熵可以用来度量整个信源 X 整体的不确定性,信息熵的定义式为

$$H(X) = -\sum_{i=1}^{n} p(a_i)\log_2 p(a_i) \tag{5.1}$$

其中,n 是信源 X 所有可能的符号数,a_i 是可能取到的值,$p(a_i)$ 是 X 取值为 a_i 的概率。信息熵是各个自信息量的期望。

（3）条件熵。如果信源 X 与信宿 Y 不是相互独立的,接收者收到信息 Y,那么用条件熵 $H(X|Y)$ 来度量接收者在收到随机变量 Y 之后,对随机变量 X 仍然存在的不确定性。X 对应信源符号 $a_i(i=1,2,\cdots,n)$,Y 对应信宿符号 $b_i(j=1,2,\cdots,S)$,$p(a_i|b_j)$ 为当 Y 为 b_j 时 X 为 a_i 的条件概率,则有

$$\begin{aligned}
H(X \mid Y) &= \sum_{j=1}^{S} p(b_j)H(X \mid b_j) \\
&= \sum_{j=1}^{S} p(b_j)\left(-\sum_{i-1}^{n} p(a_i \mid b_j)\log_2 p(a_i \mid b_j)\right) \\
&= -\sum_{j=1}^{S}\sum_{i=1}^{n} p(b_j)p(a_i \mid b_j)\log_2 p(a_i \mid b_j) \\
&= -\sum_{j=1}^{S}\sum_{i=1}^{n} p(a_i,b_j)\log_2 p(a_i \mid b_j)
\end{aligned} \tag{5.2}$$

即条件熵是各种不同条件下的信息熵的期望。

（4）平均互信息量。用来表示信号 Y 所能提供的关于 X 的信息量的大小,用 $I(X|Y) = H(X) - H(X|Y)$ 来表示。

5.2　ID3 算法

上一节已经提到的 CLS 算法并没有明确说明按照怎样的规则和标准来确定不同层次的树节点(即测试属性),Quinlan 于 1979 年提出了以信息熵的下降速度作为选取测试属性的标准的 ID3 算法。ID3 算法是各种决策树学习算法中最有影响力、使用最广泛的一种算法。

5.2.1　基本思想

设样本数据集为 X,目的是要把样本数据集分为 c 类。设 X 中总的样本数据个数是 $|X|$,属于第 i 类的样本数据个数是 c_i,则一个样本数据属于第 i 类的概率 $P(C_i) \approx \dfrac{c_i}{|X|}$。此时决策树对划分 C 的不确定程度(即信息熵)为

$$H(X,C) = H(X) = -\sum_{i=1}^{c} p(C_i)\log_2 p(C_i) \tag{5.3}$$

若选择属性 a（设属性 a 有 m 个不同的取值）进行测试，则不确定程度（即条件熵）为

$$
\begin{aligned}
H(X \mid a) &= -\sum_{i=1}^{c}\sum_{j=1}^{m} p(C_i, a = a_j)\log_2 p(C_i \mid a = a_j) \\
&= -\sum_{i=1}^{c}\sum_{j=1}^{m} p(a = a_j)p(C_i \mid a = a_j)\log_2 p(C_i \mid a = a_j) \\
&= -\sum_{j=1}^{m} p(a = a_j)\sum_{i=1}^{c} p(C_i \mid a = a_j)\log_2 p(C_i \mid a = a_j)
\end{aligned} \tag{5.4}
$$

则属性 a 对于分类提供的信息量为

$$I(X,a) = H(X) - H(X \mid a) \tag{5.5}$$

其中，$I(X,a)$ 表示选择了属性 a 作为分类属性之后信息熵的下降程度，亦即不确定性的下降程度，所以应该选择使得 $I(X,a)$ 最大的属性作为分类属性，这样得到的决策树的确定性最大。

可见 ID3 算法继承了 CLS 算法，并且根据信息论提出了选择使得 $I(X,a)$ 最大的属性作为分类属性的测试属性选择标准。

另外，ID3 算法除了引入信息论作为选择测试属性的标准外，还引入窗口的方法进行增量式学习。

ID3 算法的步骤如下。

(1) 选出整个样本数据集 X 中规模为 W 的随机子集 X_1（W 称为窗口规模，子集称为窗口）。

(2) 以 $I(X,a) = H(X) - H(X \mid a)$ 的值最大，即以 $H(X \mid a)$ 的值最小为标准，选取每次的测试属性，形成当前窗口的决策树。

(3) 顺序扫描所有样本数据，找出当前的决策树的例外，如果没有例外则结束。

(4) 组合当前窗口的一些样本数据，与某些在(3)中找到的例外形成新的窗口，转(2)。

5.2.2 ID3 算法应用实例

例 5.1 表 5.1 所示的是有关天气的样本数据。每一样本有四个属性变量：Outlook、Temperature、Humidity 和 Windy。样本被分为 P 类和 N 类，分别表示正例和反例。试用 ID3 算法建立决策树。

表 5.1　天气样本数据

样本 X	属　　性				类别
	Outlook	Temperature	Humidity	Windy	
1	Overcast	Hot	High	Not	N
2	Overcast	Hot	High	Very	N
3	Overcast	Hot	High	Medium	N
4	Sunny	Hot	High	Not	P

样本 X	属性				类别
	Outlook	Temperature	Humidity	Windy	
5	Sunny	Hot	High	Medium	P
6	Rain	Mild	High	Not	N
7	Rain	Mild	High	Medium	N
8	Rain	Hot	Normal	Not	P
9	Rain	Cool	Normal	Medium	N
10	Rain	Hot	Normal	Very	N
11	Sunny	Cool	Normal	Very	P
12	Sunny	Cool	Normal	Medium	P
13	Overcast	Mild	High	Not	N
14	Overcast	Mild	High	Medium	N
15	Overcast	Cool	Normal	Not	P
16	Overcast	Cool	Normal	Medium	P
17	Rain	Mild	Normal	Not	N
18	Rain	Mild	Normal	Medium	N
19	Overcast	Mild	Normal	Medium	P
20	Overcast	Mild	Normal	Very	P
21	Sunny	Mild	High	Very	P
22	Sunny	Mild	High	Medium	P
23	Sunny	Hot	Normal	Not	P
24	Rain	Mild	High	Very	N

　　首先计算信息熵 $H(X)$，由表 5.1 可知，一共有 24 条记录，其中 P 类的记录和 N 类的记录都是 12 条，则根据上面介绍的信息熵和条件熵的算法，可以得到信息熵为

$$H(X) = -\frac{12}{24}\log_2\frac{12}{24} - \frac{12}{24}\log_2\frac{12}{24} = 1 \tag{5.6}$$

　　如果选取 Outlook 属性为测试属性，则计算条件熵 $H(X \mid \text{Outlook})$。由表 5.1 可知，Outlook 属性共有 3 个属性值，分别是 Overcast、Sunny 和 Rain。

　　Outlook 属性取 Overcast 属性值的记录共有 9 条，其中 P 类的记录和 N 类的记录分别是 4 条和 5 条，因此由 Overcast 引起的熵值为 $-\frac{9}{24}\left(\frac{4}{9}\log_2\frac{4}{9} + \frac{5}{9}\log_2\frac{5}{9}\right)$。

　　而 Outlook 属性取 Sunny 属性值的记录共有 7 条，其中 P 类的记录和 N 类的记录分别

是 7 条和 0 条,因此由 Sunny 引起的熵值为 $-\frac{7}{24}\left(\frac{7}{7}\log_2\frac{7}{7}\right)$。

同理,Outlook 属性取 Rain 属性值的记录共有 8 条,其中 P 类的记录和 N 类的记录分别是 1 条和 7 条,因此由 Rain 引起的熵值为 $-\frac{8}{24}\left(\frac{1}{8}\log_2\frac{1}{8}+\frac{7}{8}\log_2\frac{7}{8}\right)$。

因此条件熵 $H(X|\text{Outlook})$ 应为上述三个式子之和,得到

$$
\begin{aligned}
H(X \mid \text{Outlook}) = & -\frac{9}{24}\left(\frac{4}{9}\log_2\frac{4}{9}+\frac{5}{9}\log_2\frac{5}{9}\right) \\
& -\frac{7}{24}\left(\frac{7}{7}\log_2\frac{7}{7}\right) \\
& -\frac{8}{24}\left(\frac{1}{8}\log_2\frac{1}{8}+\frac{7}{8}\log_2\frac{7}{8}\right) \approx 0.5528
\end{aligned}
\tag{5.7}
$$

仿照上面条件熵 $H(X|\text{Outlook})$ 的计算方法,可以得到,如果选取 Temperature 属性为测试属性,则条件熵为

$$
\begin{aligned}
H(X \mid \text{Temperature}) = & -\frac{8}{24}\left(\frac{4}{8}\log_2\frac{4}{8}+\frac{4}{8}\log_2\frac{4}{8}\right) \\
& -\frac{11}{24}\left(\frac{4}{11}\log_2\frac{4}{11}+\frac{7}{11}\log_2\frac{7}{11}\right) \\
& -\frac{5}{24}\left(\frac{4}{5}\log_2\frac{4}{5}+\frac{1}{5}\log_2\frac{1}{5}\right) \approx 0.9172
\end{aligned}
\tag{5.8}
$$

如果选取 Humidity 属性为测试属性,则条件熵为

$$
\begin{aligned}
H(X \mid \text{Humidity}) = & -\frac{12}{24}\left(\frac{4}{12}\log_2\frac{4}{12}+\frac{8}{12}\log_2\frac{8}{12}\right) \\
& -\frac{12}{24}\left(\frac{4}{12}\log_2\frac{4}{12}+\frac{8}{12}\log_2\frac{8}{12}\right) \approx 0.9183
\end{aligned}
\tag{5.9}
$$

如果选取 Windy 属性为测试属性,则条件熵为

$$
\begin{aligned}
H(X \mid \text{Windy}) = & -\frac{8}{24}\left(\frac{4}{8}\log_2\frac{4}{8}+\frac{4}{8}\log_2\frac{4}{8}\right) \\
& -\frac{6}{24}\left(\frac{3}{6}\log_2\frac{3}{6}+\frac{3}{6}\log_2\frac{3}{6}\right) \\
& -\frac{10}{24}\left(\frac{5}{10}\log_2\frac{5}{10}+\frac{5}{10}\log_2\frac{5}{10}\right) = 1
\end{aligned}
\tag{5.10}
$$

可见 $H(X|\text{Outlook})$ 的值最小,所以应该选择 Outlook 属性作为测试属性,得到根节点为 Outlook 属性,根据不同记录的 Outlook 属性取值的不同,向下引出三条分支,如图 5.2 所示,其中的数字代表第几条记录。

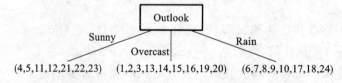

图 5.2　ID3 算法第一次分类的决策树

结合表 5.1 和图 5.2 可以看出,由 Sunny 引出的分支包括(4,5,11,12,21,22,23)共 7

条记录,这 7 条记录都是属于 P 类的,因此由 Sunny 引出的分支得到的是 P 类。由 Overcast 引出的分支包括 $(1,2,3,13,14,15,16,19,20)$ 共 9 条记录,类似上面的做法,可以求得

$$
\begin{aligned}
H(X \mid \text{Temperature}) = & -\frac{3}{9}\left(\frac{3}{3}\log_2 \frac{3}{3}\right) \\
& -\frac{4}{9}\left(\frac{2}{4}\log_2 \frac{2}{4} + \frac{2}{4}\log_2 \frac{2}{4}\right) \\
& -\frac{2}{9}\left(\frac{2}{2}\log_2 \frac{2}{2}\right) \approx 0.4444
\end{aligned} \tag{5.11}
$$

$$
H(X \mid \text{Humidity}) = -\frac{5}{9}\left(\frac{5}{5}\log_2 \frac{5}{5}\right) - \frac{4}{9}\left(\frac{4}{4}\log_2 \frac{4}{4}\right) = 0 \tag{5.12}
$$

$$
\begin{aligned}
H(X \mid \text{Windy}) = & -\frac{3}{9}\left(\frac{1}{3}\log_2 \frac{1}{3} + \frac{2}{3}\log_2 \frac{2}{3}\right) \\
& -\frac{2}{9}\left(\frac{1}{2}\log_2 \frac{1}{2} + \frac{1}{2}\log_2 \frac{1}{2}\right) \\
& -\frac{4}{9}\left(\frac{2}{4}\log_2 \frac{2}{4} + \frac{2}{4}\log_2 \frac{2}{4}\right) \approx 0.9728
\end{aligned} \tag{5.13}
$$

可见 $H(X \mid \text{Humidity})$ 的值最小,因此,对于由 Overcast 引出的分支包括的 9 条记录 $(1,2,3,13,14,15,16,19,20)$,应该选择 Humidity 作为测试属性。

重复上面的做法,直到每一个分支的记录都是属于同一类,算法结束。最后得到的决策树如图 5.3 所示。

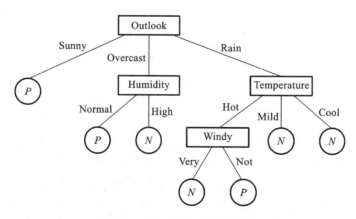

图 5.3 ID3 算法下的决策树

5.3 C4.5 算法

C4.5 算法(信息比值算法)是由 Quinlan 通过扩充 ID3 算法提出来的,其是 ID3 算法的改进,它在 ID3 算法的基础上增加了对连续属性、属性值空缺情况的处理,对树剪枝也有了较成熟的方法。

5.3.1 基本思想

与 ID3 算法不同,C4.5 算法挑选具有最高信息增益率的属性作为测试属性。对于样本集 X,假设变量 a 有 m 个属性,属性值为 $a_1, a_2, \cdots, a_m$,对应 a 取值,a_i 出现的样本个数为 n_i,若 n 是样本的总数,则应有 $n_1 + n_2 + \cdots + n_m = n$。Quinlan 利用属性 a 的信息熵 $H(X, a)$ 来定义为了获取样本关于属性 a 的信息所需要付出的代价,即

$$H(X,a) = -\sum_{i=1}^{m} P(a_i)\log_2 P(a_i) \approx -\sum_{i=1}^{m} \frac{n_i}{n}\log_2 \frac{n_i}{n} \tag{5.14}$$

信息增益率(简称增益率)定义为平均互信息与获取 a 信息所付出代价的比值,即

$$E(X,a) = \frac{I(X,a)}{H(X,a)} \tag{5.15}$$

即信息增益率是单位代价所取得的信息量,是一种相对的信息量不确定性度量。以信息增益率作为测试属性的选择标准,是选择 $E(X,a)$ 最大的属性 a 作为测试属性。

C4.5 算法在如下几个方面改进了 ID3 算法。

(1) 一些样本的某些属性值可能为空,在构建决策树时,可以简单地忽略缺失的属性,即在计算增益率时,仅考虑具有属性值的记录。为了对一个具有缺失属性值的记录进行分类,可以基于已知属性值的其他记录来预测缺失的属性值。

(2) C4.5 算法不仅可以处理离散属性,而且可以处理连续属性。基本思想是基于训练样本中元组的属性值将数据划分在一些区域。

(3) 增加了剪枝算法。在 C4.5 算法中,有两种基本的剪枝策略。

①子树替代法剪枝是指用叶节点替代子树。仅当替代后的误差率与原始树的误差率接近时才替代。子树替代法是从树的底部向树根方向进行的。

②子树上升法剪枝是指用一棵子树中最常用的子树来代替这棵子树。子树从当前位置上升到树中较高的节点处。对于这种替代也需要确定误差率的增加量。

(4) 分裂时,ID3 算法偏袒具有较多值的属性,因而可能导致过拟合,而信息增益率函数可以弥补这个缺陷。

但是,这个算法同样存在缺点,它偏向于选择对统一属性值取值比较集中的属性(即熵值最小的属性),而并不一定是对分类贡献最大、最重要的属性。

C5.0 是 C4.5 的一个商业版本,它现在已被广泛应用于许多数据挖掘软件包中,如 Clementine 和 RuleQuest。C5.0 主要针对大数据集的分类。C5.0 中的决策树归纳与 C4.5 中的很相近,但规则生成是不同的。与 C4.5 不同,C5.0 使用的精确算法并没有被公开。C5.0 包括了对生成规则方面的改进。测试结果表明,C5.0 在内存占用方面的性能提高了大约 90%,在运行方面要比 C4.5 快 5.7~240 倍,并且生成的规则更加准确。

5.3.2 基于信息增益率建模的决策树

例 5.2 对例 5.1 利用 C4.5 算法建立决策树。

为了计算 Outlook 属性作为测试属性的增益率,首先要计算在忽略类别的情况下该测试属性的信息熵,即

$$H(X,\text{Outlook}) = -\frac{9}{24}\log_2\frac{9}{24} - \frac{7}{24}\log_2\frac{7}{24} - \frac{8}{24}\log_2\frac{8}{24} \approx 1.5774 \tag{5.16}$$

又根据上一节有

$$H(X) = -\frac{12}{24}\log_2\frac{12}{24} - \frac{12}{24}\log_2\frac{12}{24} = 1$$

因此,Outlook 属性的增益率为

$$E(X,\text{Outlook}) = \frac{I(X,\text{Outlook})}{H(X,\text{Outlook})} = \frac{H(X) - H(X\mid\text{Outlook})}{H(X,\text{Outlook})} = \frac{1-0.5528}{1.5774} \approx 0.2835$$

$$(5.17)$$

仿照上面信息熵 $H(X,\text{Outlook})$ 的计算方法,可以得到,如果选取 Temperature 属性为测试属性,则有

$$H(X,\text{Temperature}) = -\frac{8}{24}\log_2\frac{8}{24} - \frac{11}{24}\log_2\frac{11}{24} - \frac{5}{24}\log_2\frac{5}{24} \approx 1.5156 \quad (5.18)$$

$$E(X,\text{Temperature}) = \frac{1-0.9172}{1.5156} \approx 0.0546 \quad (5.19)$$

如果选取 Humidity 属性为测试属性,则有

$$H(X,\text{Humidity}) = -\frac{12}{24}\log_2\frac{12}{24} - \frac{12}{24}\log_2\frac{12}{24} = 1 \quad (5.20)$$

$$E(X,\text{Humidity}) = \frac{1-0.9183}{1} = 0.0817 \quad (5.21)$$

如果选取 Windy 属性为测试属性,则有

$$H(X,\text{Windy}) = -\frac{8}{24}\log_2\frac{8}{24} - \frac{6}{24}\log_2\frac{6}{24} - \frac{10}{24}\log_2\frac{10}{24} \approx 1.5546 \quad (5.22)$$

$$E(X,\text{Windy}) = \frac{1-1}{1.5546} = 0 \quad (5.23)$$

可见,$E(X,\text{Outlook})$ 的值最大,所以应该选择 Outlook 属性作为测试属性。在该例中,用 ID3 算法建立的决策树与基于信息增益率建模得到的决策树没有区别,即以相对的信息量不确定性和绝对的信息量不确定性来度量获取的信息量在该例建树中没有区别。这里略去信息增益率的递归算法。

5.4　CART 算法

5.4.1　基本思想

在 ID3 算法与 C4.5 算法中,当确定作为某层树节点的变量的属性值较多时,按每一属性值引出一分支进行递归算法,就会出现引出的分支较多,对应算法次数也多的现象,使算法的执行速度缓慢。是否可以使每一树节点引出的分支尽可能少,从而提高算法速度呢?分类与回归树算法(classification and regression tree,CART)是一种产生二叉决策树的技术,即每个树节点只产生两个分支。CART 算法确定树节点(即测试属性)的方式与 ID3 算法的一样,以平均互信息作为分裂属性的度量,对于取定的测试属性变量 a,若 a 有 m 个属性值 $a_1,a_2,\cdots a_m$,则应选取哪个属性值 a_i 作为分裂点引出两个分支,以使分类结果尽可能

合理、正确呢？最佳分裂属性值 a_0 被定义为满足条件

$$\Phi(a_0/a) = \max_{1 \leqslant i \leqslant m} \Phi(a_i/a)$$

其中

$$\Phi(a_i/a) = 2P_L P_R \sum_{j=1}^{c} | P(C_j \mid t_L) - P(C_j \mid t_R) | \qquad (5.24)$$

其中，L 和 R 是指树中当前节点的左子树和右子树，P_L 和 P_R 分别指在训练集（样本集）中的样本在树的左边和右边的概率，具体定义为

$$P_L = \frac{\text{左子树中的样本数}}{\text{样本总数}}$$

$$P_R = \frac{\text{右子树中的样本数}}{\text{样本总数}} \qquad (5.25)$$

$P(C_j \mid t_L)$ 与 $P(C_j \mid t_R)$ 分别指在左子树和右子树中的样本属于类别 C_i 的概率，定义为

$$P(C_i \mid t_L) = \frac{\text{左子树中属于 } C_i \text{ 类的样本数}}{t_L \text{ 节点样本数}}$$

$$P(C_i \mid t_R) = \frac{\text{右子树中属于 } C_i \text{ 类的样本数}}{t_R \text{ 节点样本数}} \qquad (5.26)$$

$\Phi(a_i/a)$ 主要度量在节点 a 的 a_i 属性值引出两分支时，两分支出现的可能性以及两分支分类结果出现的可能性差异大小。当 $\Phi(a_i/a)$ 较大时，表示两分支分类结果出现的可能性差异大，即分类不均匀，特别地，当一分支完全含有同一分类结果的样本而另一分支不含有时，差异最大，这种情况越早出现，表示利用的节点越少，可以越快获得分类结果。

5.4.2　基于 CART 算法建模的决策树

例 5.3　表 5.2 给出了一个有关身高的数据集，它有两个属性：性别和身高，身高被分为三类，分别为矮、中和高。利用 CART 算法建立决策树。

表 5.2　身高样本数据

编号	姓名	性别	身高/m	类别
1	Kristina	女	1.6	矮
2	Jim	男	2	高
3	Maggie	女	1.9	中
4	Martha	女	1.88	中
5	Stephanie	女	1.7	矮
6	Bob	男	1.85	中
7	Kathy	女	1.6	矮
8	Dave	男	1.7	矮
9	Worth	男	2.2	高
10	Steven	男	2.1	高
11	Debbie	女	1.8	中
12	Todd	男	1.95	中

编号	姓名	性别	身高/m	类别
13	Kim	女	1.9	中
14	Amy	女	1.8	中
15	Wynette	女	1.75	中

设应用平均互信息获得当前树节点是身高属性 a，a 的取值 s 被划分为 6 个子区间：$(0,1.6)$、$[1.6,1.7)$、$[1.7,1.8)$、$[1.8,1.9)$、$[1.9,2)$、$[2,\infty)$。利用这些区间，可得到潜在的分裂值 1.6、1.7、1.8、1.9、2。因此，依据上述分裂点的定义，需要从 6 个可能的属性值中选择一个分裂点。CART 算法步骤如下。

(1) 当 $s=1.6$ 时，由于 $P_L($身高$<1.6)=\dfrac{0}{15}=0$，所以 $\Phi(1.6|$身高$)=0$。

(2) 当 $s=1.7$ 时，设 C_1 代表矮类，C_2 代表中类，C_3 代表高类。

对于 C_1，样本身高 <1.7 时，$P(C_1|t_L)=1$，样本身高 $\geqslant 1.7$ 时，$P(C_1|t_R)=\dfrac{2}{13}$，$|P(C_1|t_L)-P(C_1|t_R)|=\dfrac{11}{13}$；

对于 C_2，样本身高 <1.7 时，$P(C_2|t_L)=0$，样本身高 $\geqslant 1.7$ 时，$P(C_2|t_R)=\dfrac{8}{13}$，$|P(C_2|t_L)-P(C_2|t_R)|=\dfrac{8}{13}$；

对于 C_3，样本身高 <1.7 时，$P(C_3|t_L)=0$，样本身高 $\geqslant 1.7$ 时，$P(C_3|t_R)=\dfrac{3}{13}$，$|P(C_3|t_L)-P(C_3|t_R)|=\dfrac{3}{13}$；

$$P_L=P_L(<1.7)=\dfrac{2}{15},\quad P_R=P_R(\geqslant 1.7)=\dfrac{13}{15}；$$

所以，$\Phi(1.7|$身高$)=2\times\dfrac{2}{15}\times\dfrac{13}{15}\times\left(\dfrac{11}{13}+\dfrac{8}{13}+\dfrac{3}{13}\right)\approx 0.3911$。

同理，可以计算 $\Phi(1.8|$身高$)$、$\Phi(1.9|$身高$)$ 和 $\Phi(2|$身高$)$，综合有

$$\Phi(1.6)=0$$

$$\Phi(1.7)=2\times\dfrac{2}{15}\times\dfrac{13}{15}\times\left(\dfrac{11}{13}+\dfrac{8}{13}+\dfrac{3}{13}\right)\approx 0.3911$$

$$\Phi(1.8)=2\times\dfrac{5}{15}\times\dfrac{10}{15}\times\left(\dfrac{4}{5}+\dfrac{1}{2}+\dfrac{3}{10}\right)\approx 0.7111$$

$$\Phi(1.9)=2\times\dfrac{9}{15}\times\dfrac{6}{15}\times\left(\dfrac{4}{9}+\dfrac{1}{18}+\dfrac{1}{2}\right)=0.48$$

$$\Phi(2)=2\times\dfrac{12}{15}\times\dfrac{3}{15}\times\left(\dfrac{1}{3}+\dfrac{2}{3}+1\right)=0.64$$

可见在分裂点 1.8 处取得最大值，所以应该选择身高属性作为第一个测试属性，选择 1.8 作为第一个分裂点，如图 5.4 所示，其中的数字代表第几条记录。

从图 5.4 中可以看到，由身高 $\geqslant 1.8$ 引出的分支（2,3,4,6,9,10,11,12,13,14）共包括

图 5.4   CART 算法第一次分裂的决策树

10 条记录。为了能够区别最终的分类,可以继续对分支子集应用平均互信息确定测试属性,根据测试属性再确定二叉的最佳分裂属性值,直至能够分出每一类,停止树生长。

5.5   决策树的剪枝

如果建立的决策树构造过于复杂,则决策树是难以理解的,对应决策树的知识规则出现冗余,将导致其难以应用,另外,决策树越小,存储这颗决策树所要花费的代价也就越小。因此,建立有效的决策树,不仅需要考虑分类的正确性,而且需要考虑决策树的复杂程度,即建立的决策树,在保证具有一定的分类正确率的条件下,越简化越好。

最常用的决策树简化方法就是剪枝,主要包括预剪枝和后剪枝。

1. 预剪枝

预剪枝就是预先指定某一相关阈值,决策树模型的有关参数在达到该阈值后,树的生长会停止。预剪枝方法不必生成整棵决策树,且算法相对简单,效率很高,适合解决大规模问题,但预先指定的相关阈值不易确定。一般地,多以样本集应达到的分类正确率作为阈值进行预剪枝控制,此时树型的复杂度可以通过阈值的变化来确定。

2. 后剪枝

后剪枝就是对已成长(建立)的决策树以一定的标准进行剪枝,使决策树能简化并具有一定的分类正确率。

决策树后剪枝算法,就是针对未经剪枝的决策树 T,应用算法将 T 的某一个或几个子树删除,得到决策树 T',对多种不同剪枝结果 T'_i 进行评价,找出最好的剪枝形式。其中,剪枝过程中被删除的子树将用叶节点代替,这个叶节点所属的类用这棵子树中大多数训练实例所属的类来代替。

后剪枝方法的步骤如下。

设 T_0 为原始树(未经任何剪枝和修改),T_{i+1} 是 T_i 中一个或多个子树被叶节点所代替后得到的剪枝树。

(1) 第 i 次剪枝评价。若第 i 次的原始树是 T_i,设 $T_{i1}, T_{i2}, \cdots, T_{ik}$ 分别是对 T_i 的各种可能剪枝结果,可用以下评价标准选出一种最好的剪枝形式,即

$$a = \frac{M}{N(L(S)-1)}$$

其中,M 是剪枝树分类错误增加数,N 是总样本数,$L(S)$ 是剪枝树被去掉的叶节点数。

(2) 对于各次得到的剪枝树 $T_1, T_2, \cdots, T_k$,用相同的样本测试它们分类的错误率,错误率最小的为最优的剪枝决策树。

例 5.4 对表 5.1 所示的天气样本数据,应用决策树的后剪枝算法进行剪枝。

使用 ID3 算法对 24 个样本进行计算,得到的决策树 T_0 如图 5.3 所示。

第一次剪枝过程,即 T_1 的获取过程如下。

(1) 若将 Humidity 子树转换为叶节点,因为在此子树中,有 5 个叶节点取 N 值,4 个叶节点取 P 值,所以 Humidity 转换为的叶节点取 N 值,则 $M = 4$,$L(S) = 2$,所以有

$$a_1 = \frac{M}{N(L(S)-1)} = \frac{4}{24 \times (2-1)} \approx 0.1667$$

(2) 若将 Windy 子树转换为叶节点,因为在此子树中,有 1 个叶节点取 N 值,1 个叶节点取 P 值,所以 Windy 转换为的叶节点取 N 值或 P 值的结果一样,假设取 N 值,则 $M = 1$,$L(S) = 2$,所以有

$$a_2 = \frac{M}{N(L(S)-1)} = \frac{1}{24 \times (2-1)} \approx 0.0417$$

(3) 若将 Temperature 子树转换为叶节点,因为在此子树中,有 7 个叶节点取 N 值,1 个叶节点取 P 值,所以 Temperature 转换为的叶节点取 N 值,则 $M = 1$,$L(S) = 4$,所以有

$$a_3 = \frac{M}{N(L(S)-1)} = \frac{1}{24 \times (4-1)} \approx 0.0139$$

(4) 若将 Outlook 子树转换为叶节点,因为在此子树中,有 12 个叶节点取 N 值,12 个叶节点取 P 值,所以 Outlook 转换为的叶节点取 N 值或 P 值的结果一样,则 $M = 12$,$L(S) = 7$,所以有

$$a_4 = \frac{M}{N(L(S)-1)} = \frac{12}{24 \times (7-1)} \approx 0.0833$$

由于 a_3 的值最小,所以应将 Temperature 子树转换为叶节点,得到的 T_1 如图 5.5 所示。

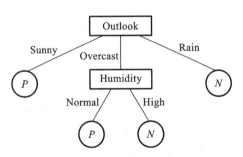

图 5.5 第一次剪枝决策树 T_1

第二次剪枝,即 T_2 的获取过程如下。

(1) 若将 Humidity 子树转换为叶节点,因为在此子树中,有 5 个叶节点取 N 值,4 个叶节点取 P 值,所以 Humidity 转换为的叶节点取 N 值,则 $M = 4$,$L(S) = 2$。所以有

$$a_1 = \frac{M}{N(L(S)-1)} = \frac{4}{24 \times (2-1)} \approx 0.1667$$

(2) 若将 Outlook 子树转换为叶节点,因为在此子树中,有 12 个叶节点取 N 值,12 个叶节点取 P 值,所以 Outlook 转换为的叶节点取 N 值或 P 值的结果一样,假设取 N 值,则 $M = 12$,$L(S) = 4$,所以有

$$a_2 = \frac{M}{N(L(S)-1)} = \frac{12}{24 \times (4-1)} \approx 0.1667$$

由于 $a_1 = a_2$，选择去掉 Humidity 节点，所以 T_2 如图 5.6 所示。

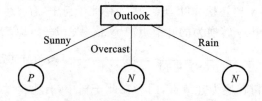

图 5.6　第二次剪枝决策树 T_2

第三次剪枝，T_3 只有一个节点，取值为 N。

这样就得到了一系列的树 T_0、T_1、T_2、T_3，下面对这些树进行评价。假设得到的测试集如表 5.3 所示。

表 5.3　测试集

属性	Outlook	Temperature	Humidity	Windy	类别
1	Overcast	Hot	Normal	Not	P
2	Overcast	Mild	High	Very	N
3	Overcast	Cool	Normal	Medium	P
4	Overcast	Hot	High	Not	P
5	Sunny	Hot	Normal	Medium	P
6	Sunny	Hot	High	Not	P
7	Sunny	Hot	High	Medium	N
8	Sunny	Mild	Normal	Not	P
9	Rain	Cool	High	Medium	N
10	Rain	Hot	Normal	Very	N
11	Rain	Mild	High	Very	N
12	Rain	Cool	High	Medium	N

则对于 T_0 和 T_1，分类错误个数为 2(样本 4,7)，对于 T_2，分类错误个数为 4(样本 1,3,4,7)，对于 T_3，分类错误个数为 6(样本 1,3,4,5,6,8)。可见决策树 T_0 和 T_1 对于测试集的分类错误的个数最少，又由于 T_1 是对 T_0 实施了剪枝后得到的决策树，所以最后得到的决策树就是 T_1。

5.6　案　例

5.6.1　泰坦尼克号乘客幸存预测

Titanic 数据集来源于 kaggle 比赛官网，包含泰坦尼克号上的乘客的信息及幸存者信息。泰坦尼克号在它的首航中与冰山撞击沉没,2224 名乘客和工作人员中有 1502 人丧生。通过事后统计发现,妇女、儿童和头等舱乘客幸存的概率更大。本案例基于 Titanic 数据集训练一个决策树,用来预测乘客是否幸存,这是一个二分类问题。

1. 导入数据

将数据集保存为 .csv 文件,使用 pandas 库中的 read_csv()函数加载数据集:

```
import pandas as pd
data= pd.read_csv(''titanic- data.csv'')
print(data.info())    # 显示原始数据属性的基本信息
```

结果如下:

```
< class'pandas.core.frame.DataFrame'>
RangeIndex:891 entries,0 to 890
Data columns(total 12 columns):
PassengerId         891 non- null int64
Survived            891 non- null int64
Pclass              891 non- null int64
Name                891 non- null object
Sex                 891 non- null object
Age                 714 non- null float64
SibSp               891 non- null int64
Parch               891 non- null int64
Ticket              891 non- null object
Fare                891 non- null float64
Cabin               204 non- null object
Embarked            889 non- null object
dtypes:float64(2),int64(5),object(5)
```

2. 数据预处理

从上面的数据信息中可以看到,Age、Cabin、Embarked 属性有缺失值,还有 5 个属性是字符串类型的,需要进行数据预处理。

对于缺失值,一般有以下几种处理方法。

(1) 如果数据集很多,但缺失值很少,可以直接删除包含缺失值的行。

(2) 如果该属性对于模型的学习不是很重要,可以对缺失值赋予均值或众数。比如 Embarked(在哪上船)这一属性(共有三个上船地点)缺失两个值,可以用众数填补。年龄的缺失值在这里用均值填补。

分别用下面代码实现:

```
data.Embarked[data.Embarked.isnull()]= data.Embarked.mode()
# 用众数填补 Embarked 属性的缺失值
data.Age[data.Age.isnull()]= data.Age.mean()
# 用均值填补 Age 属性的缺失值
```

(3) 对于字符串类型的属性,可以赋一个代表缺失的值,比如"U0"。缺失本身可能代表着一些隐含的信息,比如 Cabin(船舱号)属性的缺失可能代表乘客并没有船舱,下面代码将 Cabin 属性的缺失值赋为"U0"。

```
data.Cabin[data.Cabin.isnull()]= 'U0'
```

解决缺失值的问题后,接着要处理的属性是字符串类型的数据,因为 scikit-learn 中的决策树分类模型只能处理数值型的数据,因此要对字符串类型的定性属性进行转换,如果单纯地用数字来代替值,比如将 Embarked 的三个值 S、Q、C 分别用 1、2、3 来代替,则模型会把它当成是有顺序的数值属性,这种做法对于一些根据距离来确定分类的算法来说会带来不良影响。

可以用 pandas 库中的 get_dummies()函数进行处理。例如:Embarked 属性的取值有 S、Q、C 三个,分别代表三个上船地点,处理之后,如果一个人是在 S 地点上船的,那么属性值就是(1,0,0),在 Q 点上船的就是(0,1,0),每个属性都是二元属性,1 代表是,0 代表否。同时向数据集里再加入三个属性,命名为 Embarked_S、Embarked_Q 和 Embarked_C,代码如下:

```
# 将字符串类型的数据转化为数值型
dummies_Embarked= pd.get_dummies(data['Embarked'],prefix= 'Embarked')
```

同理,属性 Cabin、Sex、Pclass 也按照这种方法进行处理:

```
dummies_Cabin= pd.get_dummies(data['Cabin'],prefix= 'Cabin')
dummies_Sex= pd.get_dummies(data['Sex'],prefix= 'Sex')
dummies_Pclass= pd.get_dummies(data['Pclass'],prefix= 'Pclass')
```

原 Cabin、Sex、Pclass 属性经过预处理后的特征值是 0 或 1。

对于 Age、Fare 两个属性,它们的数值变化幅度很大,可以用 scikit-learn 中的 preprocessing 模块对两个属性做标准化处理,返回的属性值在[−1,1]之间。代码如下:

```
from sklearn import preprocessing
scaler= preprocessing.StandardScaler()
# 将一维数组转为只有一列,- 1 表示不知道行数,但会自动计算出来
data_age= data['Age'].values.reshape(- 1,1)
scaler.fit(data_age)
data['Age_scaled']= scaler.transform(data_age)   # Age 属性做标准化处理
data_fare= data['Fare'].values.reshape(- 1,1)
data['Fare_scaled']= scaler.transform(data_fare)# Fare 属性做标准化处理
```

对属性进行预处理之后,需要抽取特征用于模型训练。在前面介绍的步骤中产生了一些新特征,原特征就成为了无用属性,需要在模型训练前删掉它们。代码如下:

```
data= pd.concat([data,dummies_Cabin,dummies_Embarked,dummies_Sex,
dummies_Pclass],axis= 1)
data.drop(['Pclass','Name','Sex','Ticket','Cabin','Embarked'],axis=
1,inplace= True)
data.drop(['Age','Fare'],axis= 1,inplace= True)   # 删除没有用在训练模型中
的原特征
```

3. 训练模型

将预处理后的数据集划分为训练集和测试集,分别用来训练和测试模型。代码如下:

```
from sklearn import tree
import numpy as np
clf= tree.DecisionTreeClassifier()
```

```
y_label= data["Survived"].values              # 提取是否生存属性作为分类标签
data.drop(["Survived"],axis= 1,inplace= True) # 删除是否生存属性
x_prediction= data
# 按 0.75：0.25 的比例随机划分数据集为训练集和测试集
X_train,X_test,y_train,y_test= train_test_split(x_prediction,y_label,
random_state= 0)
clf= clf.fit(X_train,y_train)                  # 训练模型
y_pred= clf.predict(X_test)
print("Accuracy:",np.mean(y_test= = y_pred))   # 输出模型预测的准确率
```

模型预测泰坦尼克号中的乘客是否幸存,10 次的平均准确率为 0.7848。

4. 结果分析

前面训练得到的模型的准确率是否可以再提高呢？可以尝试进行调参。前面调用 DecisionTreeClassifier()函数时都是使用的默认参数,其中,max_depth＝None 表示决策树的深度是完全生长的结果。在此,设置 max_depth 为不同的值,得到的结果如表 5.4 所示。

表 5.4　不同 max_depth 的分类准确率

max_depth	5	7	9	11	13
准确率	0.8251	0.8296	0.8161	0.8027	0.7892

从表 5.4 可知,当 max_depth 的值为 7 时,预测的准确率是最高的,可以达到 0.8296。如果需要将训练得到的决策树模型可视化,需要使用 graphviz 模块,通过 conda install python-graphviz 安装。代码如下:

```
import graphviz                               # 导入 graphviz 模块
dot_data = tree.export_graphviz(clf,out_file = None) # 将决策树导出为
Graphviz 格式
graph= graphviz.Source(dot_data)
graph.render("titanic_tree")                  # 决策树保存为 PDF 格式,名称为 titanic_
tree
```

图 5.7 所示的是训练得到的一部分决策树模型。

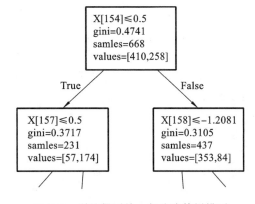

图 5.7　训练得到的一部分决策树模型

从决策树的头节点信息中可以看到,X[154]属性的基尼指数是 0.4741,X[154]属性可

以用代码 print(X_train. columns[154])得到,其为男性性别属性,该属性作为最优切分点,生成两个子节点 X[157]和 X[158]。这说明性别在此案例中成为决定一个人是否幸存的最关键因素,与实际情况相符。

5.6.2　乳腺癌诊断

早期的乳腺癌筛查对于女性乳腺恶性肿瘤的预防非常重要,通过对乳腺组织中的异常肿块进行细针抽吸活检,在显微镜下检查细胞从而确定肿块是恶性的还是良性的。将机器学习算法用于数据检验可以极大地提高检测效率,同时降低检测成本。本案例将介绍如何根据实验测量的 30 个乳腺细胞特征预测细胞是良性的还是恶性的,这属于二分类问题。

1. 导入数据

乳腺癌数据集来自 UCI 公开数据集,包括 569 例细胞活检案例,其中有 357 例良性,212 例恶性。每条数据有 32 个特征,第一个特征是细胞的 ID,第二个特征是细胞诊断结果,其他 30 个特征是数字化细胞核的基础特征。分类结果用字母"M"表示恶性,用字母"B"表示良性。

将数据集保存为.csv 文件,使用 pandas 库中的 read_csv()函数加载数据集:

```
import pandas as pd
data= pd.read_csv("breast- cancer- wisconsin.csv",header= None)
```

输出数据集的前 5 行,前 5 列数据:

```
print(data.iloc[:5,:5])
```

输出结果如下:

```
        0        1    2       3       4
0   842302    M  17.99  10.38  122.80
1   842517    M  20.57  17.77  132.90
2  84300903   M  19.69  21.25  130.00
3  84348301   M  11.42  20.38   77.58
4  84358402   M  20.29  14.34  135.10
```

显示原始数据属性的基本信息:

```
print(data.info())
```

输出结果如下:

```
RangeIndex:569 entries,0 to 568
Data columns(total 32 columns):
0      569 non- null int64
1      569 non- null object
2      569 non- null float64
3      569 non- null float64
4      569 non- null float64
5      569 non- null float64
6      569 non- null float64
7      569 non- null float64
8      569 non- null float64
9      569 non- null float64
```

```
10      569 non- null float64
11      569 non- null float64
12      569 non- null float64
13      569 non- null float64
14      569 non- null float64
15      569 non- null float64
16      569 non- null float64
17      569 non- null float64
18      569 non- null float64
19      569 non- null float64
20      569 non- null float64
21      569 non- null float64
22      569 non- null float64
23      569 non- null float64
24      569 non- null float64
25      569 non- null float64
26      569 non- null float64
27      569 non- null float64
28      569 non- null float64
29      569 non- null float64
30      569 non- null float64
31      569 non- null float64
dtypes:float64(30),int64(1),object(1)
```

从数据信息中可以看到,共有 569 条数据,32 个特征属性。这些信息还可以用来判断每列中是否有缺失值。因为该数据集没有缺失值,所以不需要处理。如果存在缺失值,应该对缺失值进行补全,如按照众数、均值填补。

2. 提取特征

通过观察数据发现,第一列数据是细胞的编号,第二列是细胞的类型,将这一列作为分类标签,其他列属性都是连续的数值类型,可以直接用于训练分类模型。下面代码用于提取数据集第二列中细胞的类别属性的特征值,再删除前两列数据,因为它们在训练时不会被用到。

```
y_label= data[data.columns[1]].values  # 提取数据集第二列中细胞的类别属性的
特征值
data.drop([data.columns[0],data.columns[1]],axis= 1,inplace= True)
# 删除前两列数据
x_prediction= data
```

3. 训练模型

训练模型分为两个步骤。第一步是训练,用训练数据集构造决策树。第二步是预测,用训练好的决策树预测测试数据的类别。

导入 scikit-learn 库中的 DecisionTreeClassifier 类来训练决策树。

```
from sklearn.tree import DecisionTreeClassifier
import numpy as np
clf= DecisionTreeClassifier()   # 使用默认参数
```

将数据集按 0.75∶0.25 的比例划分为训练集和测试集。

```
from sklearn.model_selection import train_test_split
# 按比例随机划分数据集为训练集和测试集
X_train,X_test,y_train,y_test= train_test_split(x_prediction,y_label,
random_state= 0)
```

用训练集训练决策树,用测试集进行预测,最后输出预测的准确率。

```
clf= clf.fit(X_train,y_train)   # 训练模型
y_pred= clf.predict(X_test)
print("Accuracy:",np.mean(y_test= = y_pred))
```

用模型预测细胞是良性的还是恶性的,10 次预测的平均准确率为 0.8797。

4. 使用网格进行参数调优

训练好模型后往往需要对模型进行参数调优,以得到更高的预测精度。如果手动调优,需要进行大量的实验,效率低。在 scikit-learn 库中,可以使用网格搜索方法进行调参。scikit-learn 中的 model_selection 模块的 GridSearchCV()函数可用于遍历多种参数组合,通过交叉验证确定较优参数。

GridSearchCV()函数的主要参数介绍如下。

estimator:所使用的分类器,如 estimator=DecisionTreeClassifier()。

param_grid:需要最优化的参数取值,一般为字典或者列表。

cv:交叉验证的参数,默认为 None,表示使用三折交叉验证。

scoring:模型评价的标准,每个分类器都需要一个 scoring 参数,或者 score 方法,默认为 None,这时需要使用 score()函数;或者如 scoring=$'$roc_auc$'$,根据所选模型不同,评价准则不同,如果是 None,则使用 estimator 的误差估计函数。

```
from sklearn.tree import DecisionTreeClassifier
from sklearn.model_selection import GridSearchCV
splitter_options= ['best','random']        # 指定每个节点,选择划分的策略
max_depth_range= list(range(1,21))          # 定义生成的决策树的深度,取值为
1~21
min_samples_split_range= list(range(2,8)) # 定义划分内部节点所需的最小样本
数,取值为 2~8
# 将参数指定为字典的类型
param_grid= dict(splitter= splitter_options,
                 max_depth= max_depth_range,
                 min_samples_split= min_samples_split_range,
                )
clf= DecisionTreeClassifier()
# 根据给定的模型进行交叉验证,通过调节每一个参数来跟踪评分结果
grid= GridSearchCV (estimator = clf,param_grid = param_grid,cv = 10,
scoring= 'accuracy')
grid.fit(x_prediction,y_label)
```

```
print("模型评分:",grid.best_score_)      # 输出模型的准确率
print("模型参数:",grid.best_params_)     # 输出模型得分最优时的参数
```

使用上述代码导入 GridSearchCV()函数,用于训练决策树模型与参数调优。将 GridSearchCV()的参数 param_grid 以字典的方式定义为待调优的参数。对于决策树分类模型来说,可调的参数有 splitter、max_depth、min_samples_split、min_samples_leaf 等。在训练数据集上完成网格搜索后,可以通过 best_score_ 属性得到最优模型的性能评分,具体参数信息可以通过 best_params_ 得到。在本案例中,当 $'$max_depth$'=9,'$min_samples_split$'=3,'$splitter$'='$random$'$ 时,决策树分类器模型可得到的最优 k 折交叉验证的准确率为 0.9613,比默认参数模型的准确率提高了 0.0816。

5.6.3　scikit-learn 库中的 DecisionTreeClassifier

scikit-learn 库 中 的 sklearn. tree 模 块 实 现 了 常 用 的 决 策 树 分 类 算 法,如 DecisionTreeClassifier、DecisionTreeRegressor、ExtraTreeClassifier、ExtraTreeRegressor。

DecisionTreeClassifier 决策树分类算法实现的方法之一为:

```
from sklearn.tree import DecisionTreeClassifier
clf= DecisionTreeClassifier(criterion='gini',splitter='best',max_depth=
None,min_samples_split= 2,min_samples_leaf= 1,min_weight_fraction_leaf
= 0.0,max_features= None,random_state= None,max_leaf_nodes= None,min_
impurity_decrease= 0.0,min_impurity_split= None,
class_weight= None,presort= False)
```

参数列表如表 5.5 所示。

表 5.5　参数列表

参数名	取值或类型	默认值	描　　　述
criterion	'gini'、'entropy'	'gini'	特征选择的准则,有基尼指数、信息熵
splitter	'best'、'random'	'best'	指定每个节点选择划分的策略 best:选择最好的划分策略 Random:选择最好的随机划分策略
max_depth	int、None	None	指定生成的决策树的深度 int:代表树的深度就是指定的值 None:树的深度不限
min_samples_split	int、float	2	划分内部节点所需的最小样本数,如果是浮点型,则最小的样本数为 min_samples_split * n_samples
min_samples_leaf	int、float	1	指定叶节点包含的最小样本数
min_weight_fraction_leaf	float	0.0	叶节点中样本的最小权重系数

续表

参数名	取值或类型	默认值	描　　述
max_features	int、float、String、None	None	划分节点时考虑的最大特征数量
random_state	int、RandomState、None	None	int：代表随机数生成器所使用的种子 RandomState：代表随机数生成器 None：代表使用默认的随机数生成器
max_leaf_nodes	int、None	None	生成的决策树的叶节点的最大数量。如果是 None，则叶节点的数量是无限的
min_impurity_decrease	float	0	最小非纯度减少值，如果这个分裂导致非纯度的减少大于或等于这个值，则节点将被分裂
min_impurity_split	float、None	None	树停止生长的阈值。如果节点的非纯度大于阈值，它就会分裂，否则它就是叶节点
class_weight	dict、balanced、None	None	类别标签的权重，如果是 None，则权重都是 1。如果是 dict，则表明指定类别的权重：{label_1：weight，label_2：weight}
presort	bool	False	指定是否要提前排序数据从而加速寻找最优切分的过程。设置为 True 时，对于大数据集会减慢总体训练过程，但对于小数据集或者设定了最大深度的情况，会加速训练过程。

属性介绍如下。

classes_：array，[n_classes] 类别标签数组列表。

feature_importances_：array，[n_feartures] 特征的重要性，其值越高，特征越重要。

max_features_：int，最佳拆分时考虑的特征的数量（max_features）的推测值。

n_classes_：int or list，类别的数量，或者包含每个输出的类别数的列表。

n_features_：int，构建决策树时特征的数量。

n_outputs_：int，构建决策树时输出的数量。

tree_：Tree 对象。

方法介绍如下。

apply(X，check_input＝True)：X 为数组或稀疏矩阵[n_samples，n_features]，返回每个样本的叶节点的预测序号。

decision_path(X，check_input＝True)：X 为数组或稀疏矩阵[n_samples，n_features]，

返回节点指示器矩阵,矩阵的非零元素表示该样本经过的节点。

fit(X,y,sample_weight＝None,check_input＝True,X_idx_sorted＝None):从训练集(X,y)构建决策树分类器。

predict(X,check_input＝True):预测样本 X 的类别或回归值。

predict_log_proba(X):返回一个数组,数组元素依次为 X 预测为各个类别的概率值的对数值。

predict_proba(X,check_input＝True):返回一个数组,数组元素依次为 X 预测为各个类别的概率值。

set_params(＊＊params):设置估计器的参数。

get_params(＊＊params):获取估计器的参数。

score(X,y,sample_weight＝None):返回给定测试数据和标签上的预测准确率。

第6章 支持向量机

6.1 概　述

支持向量机(support vector machine,SVM)是基于 VC 维理论和结构风险最小原理发展起来的一种机器学习方法。SVM 在很大程度上克服了传统机器学习中的维数灾难、局部最小化以及过学习等难以克服的困难,在模式识别、回归预测、函数拟合等问题中均有广泛应用,成为了人工智能和数据挖掘领域的研究热点。

SVM 是针对二分类问题提出的。SVM 通过最大化两类样本之间的距离,即最大化分类间隔以获得对测试集较小的测试误差,利用软间隔以解决线性不可分问题,通过引入核函数使非线性可分变为高维空间的线性可分。SVM 有严格的理论基础,在解决小样本、非线性及高维模式识别问题中表现出特有的优势,它主要具有以下四大特点。

(1) 利用大间隔的思想实现结构风险最小化原则(structural risk minimization,SRM),在最小化训练错误的同时尽量提高学习机的泛化能力。

(2) 利用核函数实现线性算法的非线性化。

(3) 具有稀疏性,即少量样本(支撑向量)的系数不为零,就推广性而言,较少的支撑向量数在统计意义上对应于好的推广能力;从计算角度看,支撑向量减少了核形式的判别式的计算量。

(4) 可以方便地由二分类问题拓展到多分类问题,并且可以实现分类和回归算法的结合,方便编程。

接下来首先讨论线性 SVM,包括硬间隔线性 SVM 和软间隔线性 SVM,然后讨论非线性 SVM,包括特征空间硬间隔 SVM 和特征空间软间隔 SVM。

6.2 线性支持向量机

考虑二分类问题。给定训练样本集 $S=\{(\boldsymbol{x}_1,y_1),(\boldsymbol{x}_2,y_2),\cdots,(\boldsymbol{x}_m,y_m)\}$,其中,$\boldsymbol{x}_i\in\mathbf{R}^n$,$y_i\in\{+1,-1\}$,$i=1,2,\cdots,m$。类别标签为 $+1$ 的通常称为正类,而类别标签为 -1 的通常称为负类。分类学习的目的是基于训练样本集,寻找 $\mathbf{R}^n$ 上的一个实值函数 $g(\boldsymbol{x})$,用决策函数

$$f(\boldsymbol{x}) = \text{sgn}(g(\boldsymbol{x})) \tag{6.1}$$

来推断任一模式 $\boldsymbol{x}$ 对应的 y 值。

6.2.1 硬间隔支持向量机

假设样本在输入空间是线性可分的,如图 6.1 所示,即存在超平面

$$f(\boldsymbol{x}) = (\boldsymbol{\omega} \cdot \boldsymbol{x}) + b = 0 \tag{6.2}$$

将正类和负类样本分开。其中,$\boldsymbol{\omega} = (\omega_1, \omega_2, \cdots, \omega_n)^{\mathrm{T}}$ 是超平面的法向量,决定了超平面的方向;b 是偏移量,决定了超平面与原点之间的距离。分类超平面应该满足

$$\begin{cases} (\boldsymbol{\omega} \cdot \boldsymbol{x}_i) + b \geqslant 1, y_i = 1 \\ (\boldsymbol{\omega} \cdot \boldsymbol{x}_i) + b < -1, y_i = -1 \end{cases} \tag{6.3}$$

或者

$$y_i((\boldsymbol{\omega} \cdot \boldsymbol{x}_i) + b) \geqslant 1, \quad i = 1, 2, \cdots, m \tag{6.4}$$

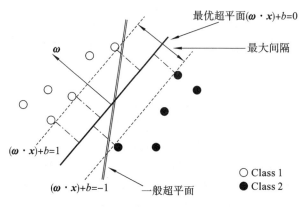

图 6.1 支持向量机分类器

显然,这样的分类超平面并不唯一(图 6.1 中的"一般超平面"也满足以上约束)。那么应该选择什么样的分类超平面才比较合理呢? SVM 寻找的最优超平面是具有"最大间隔"的分界面,即使位于超平面两侧的两类数据点中与超平面距离最近的两个点之间的距离最大化。直观上看,间隔大的分界面能更好地适应数据的扰动,进而获得良好的泛化能力。

由解析几何知识可知,超平面 $(\boldsymbol{\omega} \cdot \boldsymbol{x}) + b = 1$ 和 $(\boldsymbol{\omega} \cdot \boldsymbol{x}) + b = -1$ 之间的间隔是 $2 \parallel \boldsymbol{\omega} \parallel^{-1}$,由最大化间隔准则可得到线性可分情况下两分类问题的 SVM 基本模型:

$$\min_{\boldsymbol{\omega}, b} \frac{1}{2} \parallel \boldsymbol{\omega} \parallel^2$$

$$\text{s.t.} \quad y_i((\boldsymbol{\omega} \cdot \boldsymbol{x}_i) + b) \geqslant 1, \quad i = 1, \cdots, m \tag{6.5}$$

注意到式(6.5)是一个凸二次规划问题,可用现成的优化软件包求解,但求解复杂度与数据维数 n 有关。为了消除维数的影响,提高计算速度,通常求解其对偶问题。下面使用拉格朗日乘子法得到式(6.5)的对偶问题。

设 $\boldsymbol{\alpha} = (\alpha_1, \cdots, \alpha_m)^{\mathrm{T}}, \alpha_i \geqslant 0, i = 1, 2, \cdots, m$ 为拉格朗日乘子,则与式(6.5)对应的拉格朗日函数为

$$L(\boldsymbol{\omega}, b; \boldsymbol{\alpha}) = \frac{1}{2} \parallel \boldsymbol{\omega} \parallel^2 + \sum_{i=1}^{m} \alpha_i (1 - y_i((\boldsymbol{\omega} \cdot \boldsymbol{x}_i) + b)) \tag{6.6}$$

令 $L(\boldsymbol{\omega}, b; \boldsymbol{\alpha})$ 对 $\boldsymbol{\omega}$ 和 b 的偏导为零,可得

$$\boldsymbol{\omega} = \sum_{i=1}^{m} \alpha_i y_i \boldsymbol{x}_i \tag{6.7}$$

$$0 = \sum_{i=1}^{m} \alpha_i y_i \tag{6.8}$$

将式(6.7)代回到式(6.6),消掉变量 $\boldsymbol{\omega}$ 和 b,同时考虑约束(6.7)和(6.8),则式(6.5)的对偶问题表示为

$$\max_{\boldsymbol{\alpha}} \sum_{j=1}^{m} \alpha_j - \frac{1}{2} \sum_{i=1}^{m} \sum_{j=1}^{m} y_i y_j \alpha_i \alpha_j (\boldsymbol{x}_i \cdot \boldsymbol{x}_j)$$

$$\text{s. t.} \quad \sum_{i=1}^{m} \alpha_i y_i = 0 \tag{6.9}$$

$$\alpha_i \geqslant 0, \quad i = 1, \cdots, m$$

若 $\boldsymbol{\alpha}^* = (\alpha_1^*, \cdots, \alpha_m^*)^{\mathrm{T}}$ 为上述对偶问题式(6.9)的最优解,则

$$\boldsymbol{\omega}^* = \sum_{i=1}^{m} \alpha_i^* y_i \boldsymbol{x}_i \tag{6.10}$$

注意到式(6.5)中有不等式约束,因此上述过程需要满足 KKT 条件:

$$\begin{cases} \alpha_i \geqslant 0 \\ y_i((\boldsymbol{\omega} \cdot \boldsymbol{x}_i) + b) - 1 \geqslant 0 \\ \alpha_i(y_i((\boldsymbol{\omega} \cdot \boldsymbol{x}_i) + b) - 1) = 0 \end{cases} \tag{6.11}$$

注意到每一个 α_i 与一个训练样本 $(\boldsymbol{x}_i, y_i)$ 对应,若 $\alpha_i \neq 0$,则 $\boldsymbol{x}_i$ 就称为支持向量(support vectors(SVs))。由式(6.10)可知,$\boldsymbol{\omega}$ 只由支持向量组成。

由式(6.11)可知,如果 $\alpha_i \neq 0$,则 $y_i((\boldsymbol{\omega} \cdot \boldsymbol{x}_i) + b) - 1 = 0$,因此支持向量分布在超平面 $(\boldsymbol{\omega} \cdot \boldsymbol{x}) + b = \pm 1$ 上。对于分别分布在 $(\boldsymbol{\omega} \cdot \boldsymbol{x}) + b = \pm 1$ 平面两侧的样本 $\boldsymbol{x}_i$ 满足 $y_i((\boldsymbol{\omega} \cdot \boldsymbol{x}_i) + b) - 1 \neq 0$,由式(6.11)可知,此时 $\alpha_i = 0$。由此可知,支持向量只分布在超平面 $(\boldsymbol{\omega} \cdot \boldsymbol{x}) + b = \pm 1$ 上。

因此,式(6.5)的最优解可写为

$$\begin{cases} \boldsymbol{\omega}^* = \sum_{\boldsymbol{x}_i \in \text{SVs}} \alpha_i^* y_i \boldsymbol{x}_i \\ b^* = y_j - \sum_{\boldsymbol{x}_i \in \text{SVs}} y_i \alpha_i^* (\boldsymbol{x}_i \cdot \boldsymbol{x}_j), \forall j \in \{j \mid \alpha_j^* > 0\} \end{cases} \tag{6.12}$$

分类超平面可写为

$$f(\boldsymbol{x}) = (\boldsymbol{\omega}^* \cdot \boldsymbol{x}) + b^* = \sum_{i=1}^{m} \alpha_i^* y_i (\boldsymbol{x}_i \cdot \boldsymbol{x}) + b^* \tag{6.13}$$

最终的分类判别函数为

$$\text{sgn}(f(\boldsymbol{x})) = \text{sgn}((\boldsymbol{\omega}^* \cdot \boldsymbol{x}) + b^*)$$
$$= \text{sgn}\left(\sum_{\boldsymbol{x}_i \in \text{SVs}} \alpha_i^* y_i (\boldsymbol{x} \cdot \boldsymbol{x}_i) + y_j - \sum_{\boldsymbol{x}_i \in \text{SVs}} y_i \alpha_i^* (\boldsymbol{x}_i \cdot \boldsymbol{x}_i)\right), \forall j \in \{j \mid \alpha_j^* > 0\}$$

$$\tag{6.14}$$

判别准则为:当 $f(\boldsymbol{x}) > 0$ 时,$\boldsymbol{x}$ 属于 +1 类;当 $f(\boldsymbol{x}) < 0$ 时,$\boldsymbol{x}$ 属于 −1 类。

以下给出了硬间隔线性 SVM 的主要步骤。

(1) 根据已知训练样本集构造优化模型;

(2) 求解二次规划问题,得到最优解 $\boldsymbol{\alpha}^* = (\alpha_1^*, \cdots, \alpha_m^*)^{\mathrm{T}}$,其中与 $\alpha_i^* \neq 0$ 对应的样本 $\boldsymbol{x}_i$ 为支撑向量(SVs);

（3）根据式(6.12)计算最优参数 $\boldsymbol{\omega}^*$ 和 b^*；

（4）构造最优超平面 $(\boldsymbol{\omega}^* \cdot \boldsymbol{x}) + b^* = 0$。

6.2.2　软间隔支持向量机

在上一小节的讨论中,假设训练样本是线性可分的,如图 6.2(a)所示,这时要求 $+1$ 类和 -1 类的点必须分别位于平面 $(\boldsymbol{\omega} \cdot \boldsymbol{x}) + b = 1$ 以及 $(\boldsymbol{\omega} \cdot \boldsymbol{x}) + b = -1$ 两侧。然而实际问题中训练样本往往不是严格线性可分的,如图 6.2(b)所示,两超平面 $(\boldsymbol{\omega} \cdot \boldsymbol{x}) + b = \pm 1$ 之间的区域也存在少量样本。

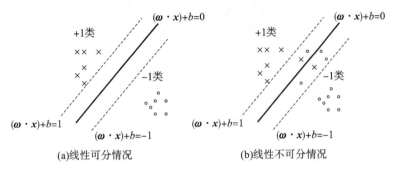

(a)线性可分情况　　　　　　　　(b)线性不可分情况

图 6.2　训练样本

软间隔线性支持向量机的处理策略是,通过引入松弛变量 $\xi_i \geqslant 0$ 对约束式(6.4)进行松弛,允许某些样本不满足约束式(6.4):

$$y_i((\boldsymbol{\omega} \cdot \boldsymbol{x}_i) + b) \geqslant 1 - \xi_i, \quad i = 1, 2, \cdots, m \tag{6.15}$$

因此,软间隔线性 SVM 的目标是,在最大化间隔的同时,使不满足约束的样本尽可能少。于是可以写出软间隔线性 SVM 的优化模型:

$$\min_{\boldsymbol{\omega}, b} \frac{1}{2} \| \boldsymbol{\omega} \|^2 + C\left(\sum_{i=1}^{m} \xi_i\right)$$
$$\text{s.t.} \quad y_i((\boldsymbol{\omega} \cdot \boldsymbol{x}_i) + b) \geqslant 1 - \xi_i, \quad i = 1, \cdots, m \tag{6.16}$$
$$\xi_i \geqslant 0, \quad i = 1, 2, \cdots, m$$

其中,松弛变量 ξ_i 表示第 i 个训练样本不满足约束式(6.4)的违反程度,$C > 0$ 是一正则化参数,用于调节第一项间隔和第二项训练错误之间的比重。

模型式(6.16)与硬间隔线性 SVM 的模型式(6.5)的求解思路相似,也是解其对偶问题。

设 $\boldsymbol{\alpha} = (\alpha_1, \cdots, \alpha_m)^{\mathrm{T}}, \alpha_i \geqslant 0, i = 1, 2, \cdots, m$ 和 $\boldsymbol{\beta} = (\beta_1, \cdots, \beta_l)^{\mathrm{T}}, \beta_i \geqslant 0, i = 1, 2, \cdots, m$ 是分别与问题式(6.16)对应的拉格朗日乘子,则相应的拉格朗日函数为

$$L(\boldsymbol{w}, b, \xi; \boldsymbol{\alpha}, \boldsymbol{\beta}) = \frac{1}{2} \| \boldsymbol{\omega} \|^2 + C\sum_{i=1}^{m} \xi_i + \sum_{i=1}^{m} \alpha_i(1 - \xi_i - y_i((\boldsymbol{\omega} \cdot \boldsymbol{x}_i) + b)) - \sum_{i=1}^{m} \beta_i \xi_i \tag{6.17}$$

令 $L(\boldsymbol{w}, b, \xi; \boldsymbol{\alpha}, \boldsymbol{\beta})$ 对 $\boldsymbol{\omega}, b$ 和 ξ_i 的偏导为零,可得

$$\boldsymbol{\omega} = \sum_{i=1}^{m} \alpha_i y_i \boldsymbol{x}_i \tag{6.18}$$

$$\sum_{i=1}^{m} \alpha_i y_i = 0 \tag{6.19}$$

$$\alpha_i + \beta_i = C \rightarrow \alpha_i = C - \beta_i \Rightarrow 0 \leqslant \alpha_i \leqslant C \tag{6.20}$$

将式(6.18)~式(6.20)代入式(6.17),消去 $\boldsymbol{\omega},b$ 和 ξ_i,并且考虑约束式(6.19)和式(6.20),可得式(6.16)的对偶问题:

$$\max_{\boldsymbol{\alpha}} \sum_{j=1}^m \alpha_j - \frac{1}{2} \sum_{i=1}^m \sum_{j=1}^m \alpha_i \alpha_j y_i y_j (\boldsymbol{x}_i \cdot \boldsymbol{x}_j)$$

$$\text{s.t.} \quad \sum_{i=1}^m \alpha_i y_i = 0 \tag{6.21}$$

$$0 \leqslant \alpha_i \leqslant C, \quad i = 1, \cdots, m$$

式(6.21)与硬间隔线性 SVM 的对偶问题式(6.9)的不同之处在于:前者是约束 $0 \leqslant \alpha_i \leqslant C$,而后者是约束 $0 \leqslant \alpha_i$,因此两个对偶问题可以用相同的算法进行求解,将在第 6.4 节予以介绍。

若 $\boldsymbol{\alpha}^* = (\alpha_1^*, \cdots, \alpha_m^*)^{\mathrm{T}}$ 为上述对偶问题式(6.21)的最优解,则有

$$\boldsymbol{\omega}^* = \sum_{i=1}^m \alpha_i^* y_i \boldsymbol{x}_i \tag{6.22}$$

与式(6.11)类似,软间隔线性 SVM 也要满足 KKT 条件:

$$\begin{cases} \alpha_i \geqslant 0, \beta_i \geqslant 0 \\ y_i((\boldsymbol{\omega} \cdot \boldsymbol{x}_i) + b) - 1 + \xi_i \geqslant 0 \\ \alpha_i(y_i((\boldsymbol{\omega} \cdot \boldsymbol{x}_i) + b) - 1 + \xi_i) = 0 \\ \xi_i \geqslant 0, \beta_i \xi_i = 0 \end{cases} \tag{6.23}$$

注意到每一个 α_i 与一个训练样本 $(\boldsymbol{x}_i, y_i)$ 对应,若 $\alpha_i \neq 0$,则 $\boldsymbol{x}_i$ 就称为支持向量。由式(6.22)可知, $\boldsymbol{\omega}$ 只由支持向量组成。

如果 $0 < \alpha_i < C$,根据式(6.20)有 $\beta_i > 0$,由式(6.23)有 $\xi_i = 0$,可知该向量分布在超平面 $(\boldsymbol{\omega} \cdot \boldsymbol{x}) + b = \pm 1$ 上。如果 $\alpha_i = C$,则有 $\beta_i = 0$,若 $\xi_i \leqslant 1$,则由 $y_i((\boldsymbol{\omega} \cdot \boldsymbol{x}_i) + b) = 1 - \xi_i$ 可知样本落在最大间隔之内;若 $\xi_i > 1$,则该样本被错误分类。

假设与 $\boldsymbol{x}_j$ 对应的 $\alpha_j > 0$ 并且 $\xi_j = 0$,根据上述分析,有

$$\boldsymbol{\omega}^* \cdot \boldsymbol{x}_j + b = y_j \Rightarrow \sum_{\boldsymbol{x}_i \in \text{SVs}} y_i \alpha_i^* (\boldsymbol{x}_i \cdot \boldsymbol{x}_j) + b = y_j \tag{6.24}$$

即

$$b^* = y_j - \sum_{\boldsymbol{x}_i \in \text{SVs}} y_i \alpha_i^* (\boldsymbol{x}_i \cdot \boldsymbol{x}_j) \tag{6.25}$$

从而式(6.16)的最优解为

$$\begin{cases} \boldsymbol{\omega}^* = \sum_{\boldsymbol{x}_i \in \text{SVs}} \alpha_i^* y_i \boldsymbol{x}_i \\ b^* = y_j - \sum_{\boldsymbol{x}_i \in \text{SVs}} y_i \alpha_i^* (\boldsymbol{x}_i \cdot \boldsymbol{x}_j), \forall j \in \{j \mid 0 < \alpha_j^* < C\} \end{cases} \tag{6.26}$$

分类超平面为

$$f(\boldsymbol{x}) = (\boldsymbol{\omega}^* \cdot \boldsymbol{x}) + b^* \tag{6.27}$$

最终的分类判别函数为

$$\operatorname{sgn}(f(\boldsymbol{x})) = \operatorname{sgn}((\boldsymbol{\omega}^* \cdot \boldsymbol{x}) + b^*)$$

$$= \operatorname{sgn}\Big(\sum_{\boldsymbol{x}_i \in \text{SVs}} \alpha_i^* y_i (\boldsymbol{x} \cdot \boldsymbol{x}_i) + y_j - \sum_{\boldsymbol{x}_i \in \text{SVs}} y_i \alpha_i^* (\boldsymbol{x}_i \cdot \boldsymbol{x}_j) \Big), \forall j \in \{j \mid 0 < \alpha_j^* < C\}$$

$$(6.28)$$

判别准则为：当 $f(\boldsymbol{x}) > 0$ 时，$\boldsymbol{x}$ 属于 $+1$ 类；当 $f(\boldsymbol{x}) < 0$ 时，$\boldsymbol{x}$ 属于 -1 类。

以下给出了软间隔线性 SVM 的主要步骤。

（1）根据已知训练样本集构造优化模型；

（2）求解二次规划问题，得到最优解 $\boldsymbol{\alpha}^* = (\alpha_1^*, \cdots, \alpha_m^*)^{\mathrm{T}}$，其中与 $0 < \alpha_i^* < C$ 对应的样本 $\boldsymbol{x}_i$ 为支撑向量（SVs）；

（3）根据式（6.26）计算最优参数 $\boldsymbol{\omega}^*$ 和 b^*；

（4）构造最优超平面 $(\boldsymbol{\omega}^* \cdot \boldsymbol{x}) + b^* = 0$。

6.3　非线性支持向量机

在前面的讨论中，假设训练样本是线性可分的，或者是近似线性可分的。然而在现实问题中，数据往往是非线性可分的，即能正确划分训练集的超平面已经不存在了。如图 6.3 所示，"$\boldsymbol{X}$"和"$\boldsymbol{o}$"各表示一类，当训练集在输入空间非线性可分时（不能通过线性分类器进行划分），只能通过超曲面 $G(\boldsymbol{X})$ 进行划分。当通过非线性映射函数 Φ 把训练集从输入空间映射到特征空间（或希尔伯特空间）时，样本点在特征空间的映像为 $\Phi(\boldsymbol{X})$，$\Phi(\boldsymbol{o})$ 表现出线性可分的趋势，并且可以通过线性分类器 $W(\boldsymbol{X})$ 进行分类。

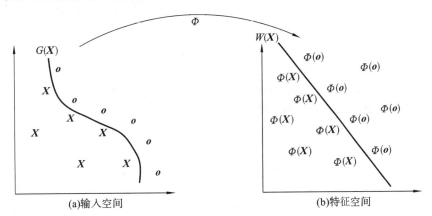

图 6.3　非线性映射函数 Φ 把样本集从输入空间映射到特征空间

Vapnik 提出了将低维的非线性样本通过适当的函数转换映射到高维特征空间，以试图在高维特征空间中找到线性分类决策函数，完成非线性分类。这个转化过程由核函数来完成。

核函数的定义为

$$K(\boldsymbol{X}, \boldsymbol{Z}) = (\Phi(\boldsymbol{X}) \cdot \Phi(\boldsymbol{Z}))$$

$$(6.29)$$

其中，$\Phi(\boldsymbol{X})$ 和 $\Phi(\boldsymbol{Z})$ 分别是输入空间向量 $\boldsymbol{X}$ 和 $\boldsymbol{Z}$ 在特征空间的映像。

核函数可以看作是特征空间的内积,用于衡量样本点在特征空间的相似性,选择不同的核函数相当于选择不同的转换函数。一般选取的核函数应满足对称性、半正定性以及 Mercer 定理,因此称其为 Mercer 核。常用的核函数有线性核函数、多项式核函数以及高斯(径向基)核函数。

多项式核函数的定义为

$$K(\boldsymbol{x}, \boldsymbol{x}_i) = (c + a\boldsymbol{x}^{\mathrm{T}}\boldsymbol{x}_i)^d \tag{6.30}$$

其中,d 为参数,用来表示内积的级数。当 $a = d = 1$ 时,其为线性核函数,即 $K(\boldsymbol{x}, \boldsymbol{x}_i) = \boldsymbol{x}^{\mathrm{T}}\boldsymbol{x}_i + c$。

径向基(RBF)或高斯核函数的定义为

$$K(\boldsymbol{x}, \boldsymbol{x}_i) = \exp(-\parallel \boldsymbol{x} - \boldsymbol{x}_i \parallel_2^2 / 2\sigma^2) \tag{6.31}$$

其中,参数 σ 用来调整核宽。

通过核函数,特征空间中两向量 $\Phi(\boldsymbol{X})$ 和 $\Phi(\boldsymbol{Z})$ 间的距离可以定义为

$$\begin{aligned}
\parallel \Phi(\boldsymbol{X}) - \Phi(\boldsymbol{Z}) \parallel &= \sqrt{(\Phi(\boldsymbol{X}) - \Phi(\boldsymbol{Z}))^{\mathrm{T}}(\Phi(\boldsymbol{X}) - \Phi(\boldsymbol{Z}))} \\
&= \sqrt{(\Phi(\boldsymbol{X}) \cdot \Phi(\boldsymbol{X})) - 2(\Phi(\boldsymbol{X}) \cdot \Phi(\boldsymbol{Z})) + (\Phi(\boldsymbol{Z}) \cdot \Phi(\boldsymbol{Z}))} \\
&= \sqrt{K(\boldsymbol{X}, \boldsymbol{X}) - 2K(\boldsymbol{X}, \boldsymbol{Z}) + K(\boldsymbol{Z}, \boldsymbol{Z})}
\end{aligned}$$

$$\tag{6.32}$$

需要注意的是:不同的非线性映射和核函数对最后的分类结果将产生不同的影响,因此应该选择较好的非线性映射和核函数使得样本集在特征空间最大程度地线性可分。

6.3.1　特征空间硬间隔支持向量机

设训练样本集 $T = \{(\boldsymbol{x}_1, y_1), (\boldsymbol{x}_2, y_2), \cdots, (\boldsymbol{x}_m, y_m)\}$ 经过非线性映射 Φ 后变为训练样本集 $T' = \{(\Phi(\boldsymbol{x}_1), y_1), (\Phi(\boldsymbol{x}_2), y_2), \cdots, (\Phi(\boldsymbol{x}_m), y_m)\}$。假设样本在特征空间是线性可分的,则存在超平面

$$f(\boldsymbol{x}) = (\boldsymbol{\omega} \cdot \Phi(\boldsymbol{x})) + b = 0 \tag{6.33}$$

其中,$\boldsymbol{\omega}$ 和 b 是模型参数,用于将两类数据点分开。对于给定的输入样本 $\boldsymbol{x} \in \mathbf{R}^n$,定义判别准则:如果 $f(\boldsymbol{x}) = (\boldsymbol{\omega} \cdot \Phi(\boldsymbol{x})) + b > 0$,$\boldsymbol{x}$ 属于正类,否则 $\boldsymbol{x}$ 属于负类。

类似式(6.5),可得特征空间硬间隔 SVM 的模型:

$$\min_{\boldsymbol{\omega}, b} \frac{1}{2} \parallel \boldsymbol{\omega} \parallel^2$$
$$\text{s.t.} \quad y_i((\boldsymbol{\omega} \cdot \Phi(\boldsymbol{x}_i)) + b) \geqslant 1, \quad i = 1, \cdots, m \tag{6.34}$$

其对偶问题为

$$\max_{\boldsymbol{\alpha}} \sum_{j=1}^{m} \alpha_j - \frac{1}{2} \sum_{i=1}^{m} \sum_{j=1}^{m} y_i y_j \alpha_i \alpha_j K(\boldsymbol{x}_i, \boldsymbol{x}_j)$$
$$\text{s.t.} \quad \sum_{i=1}^{m} \alpha_i y_i = 0 \tag{6.35}$$
$$\alpha_i \geqslant 0, \quad i = 1, \cdots, m$$

若 $\boldsymbol{\alpha}^* = (\alpha_1^*, \cdots, \alpha_m^*)^{\mathrm{T}}$ 为上述对偶问题式(6.35)的最优解,则

$$\begin{cases} \boldsymbol{\omega}^* = \sum_{i=1}^{m} \alpha_i^* y_i \Phi(\boldsymbol{x}_i) \\ b^* = y_j - \sum_{i=1}^{m} y_i \alpha_i^* K(\boldsymbol{x}_i, \boldsymbol{x}_j), \forall j \in \{j \mid \alpha_j^* > 0\} \end{cases} \qquad (6.36)$$

分类超平面为

$$f(\boldsymbol{x}) = (\boldsymbol{\omega}^* \cdot \Phi(\boldsymbol{x})) + b^* \qquad (6.37)$$

最终的分类判别函数为

$$\begin{aligned} \operatorname{sgn}(f(\boldsymbol{x})) &= \operatorname{sgn}((\boldsymbol{\omega}^* \cdot \Phi(\boldsymbol{x})) + b^*) \\ &= \operatorname{sgn}\Big(\sum_{i=1}^{m} \alpha_i^* y_i K(\boldsymbol{x}, \boldsymbol{x}_i) + y_j - \sum_{\boldsymbol{x}_i \in \text{SVs}} y_i \alpha_i^* K(\boldsymbol{x}_i, \boldsymbol{x}_j)\Big), \forall j \in \{j \mid \alpha_j^* > 0\} \end{aligned}$$

$$(6.38)$$

判别准则为：当 $f(\boldsymbol{x}) > 0$ 时，$\boldsymbol{x}$ 属于 $+1$ 类；当 $f(\boldsymbol{x}) < 0$ 时，$\boldsymbol{x}$ 属于 -1 类。

6.3.2　特征空间软间隔支持向量机

如果经过非线性映射后，训练样本集在特征空间中线性不可分，可以通过引入松弛变量 $\xi_i \geqslant 0$ 对约束 $y_i((\boldsymbol{\omega} \cdot \Phi(\boldsymbol{x}_i)) + b) \geqslant 1$ 进行松弛，允许某些样本不满足约束：

$$y_i((\boldsymbol{\omega} \cdot \Phi(\boldsymbol{x}_i)) + b) \geqslant 1 - \xi_i, \quad i = 1, 2, \cdots, m \qquad (6.39)$$

于是特征空间软间隔线性 SVM 的优化模型为

$$\min_{\boldsymbol{\omega}, b} \frac{1}{2} \| \boldsymbol{\omega} \|^2 + C\Big(\sum_{i=1}^{m} \xi_i\Big)$$

$$\text{s.t.} \quad y_i((\boldsymbol{\omega} \cdot \Phi(\boldsymbol{x}_i)) + b) \geqslant 1 - \xi_i, \quad i = 1, \cdots, m \qquad (6.40)$$

$$\xi_i \geqslant 0, \quad i = 1, 2, \cdots, m$$

其中，松弛变量 ξ_i 表示第 i 个训练样本不满足约束的违反程度，$C > 0$ 是一正则化参数，用于调节第一项间隔和第二项训练错误之间的比重。其对偶问题为

$$\max_{\boldsymbol{\alpha}} \sum_{j=1}^{m} \alpha_j - \frac{1}{2} \sum_{i=1}^{m} \sum_{j=1}^{m} y_i y_j \alpha_i \alpha_j K(\boldsymbol{x}_i, \boldsymbol{x}_j)$$

$$\text{s.t.} \quad \sum_{i=1}^{m} \alpha_i y_i = 0 \qquad (6.41)$$

$$0 \leqslant \alpha_i \leqslant C, \quad i = 1, \cdots, m$$

若 $\boldsymbol{\alpha}^* = (\alpha_1^*, \cdots, \alpha_m^*)^{\mathrm{T}}$ 为上述对偶问题式(6.41)的最优解，则

$$\begin{cases} \boldsymbol{\omega}^* = \sum_{i=1}^{m} \alpha_i^* y_i \Phi(\boldsymbol{x}_i) \\ b^* = y_j - \sum_{i=1}^{m} y_i \alpha_i^* K(\boldsymbol{x}_i, \boldsymbol{x}_j), \forall j \in \{j \mid 0 < \alpha_j^* < C\} \end{cases} \qquad (6.42)$$

分类超平面为

$$f(\boldsymbol{x}) = (\boldsymbol{\omega}^* \cdot \Phi(\boldsymbol{x})) + b^* \qquad (6.43)$$

最终的分类判别函数为

$$\mathrm{sgn}(f(\boldsymbol{x})) = \mathrm{sgn}((\boldsymbol{\omega}^* \cdot \varPhi(\boldsymbol{x})) + b^*)$$

$$= \mathrm{sgn}\left(\sum_{i=1}^{m} \alpha_i^* y_i K(\boldsymbol{x}, \boldsymbol{x}_i) + y_j - \sum_{\boldsymbol{x}_i \in \mathrm{SVs}} y_i \alpha_i^* K(\boldsymbol{x}_i, \boldsymbol{x}_j)\right), \forall j \in \{j \mid 0 < \alpha_j^* < C\}$$

$$(6.44)$$

判别准则为:当 $f(\boldsymbol{x}) > 0$ 时,$\boldsymbol{x}$ 属于 $+1$ 类;当 $f(\boldsymbol{x}) < 0$ 时,$\boldsymbol{x}$ 属于 -1 类。

6.4 支持向量机的求解与多分类问题

6.4.1 支持向量机的求解

支持向量机的问题可以归结为一个带有线性约束的凸二次规划问题,如式(6.9)、式(6.21)和式(6.35)等。随着样本数的增加,需要大量的内存存储矩阵,所需的运算时间也比较长。

由支撑向量机模型可知,只有支撑向量(SVs)的拉格朗日乘子 α_i 不为零,其他样本的拉格朗日乘子均为零,且在大多数情况下,SVs 的数目比训练样本的数目要少得多。为了能够在实际中更广泛地应用 SVM 方法,研究者们提出了分解算法。其基本思想是:在每一步迭代中都把训练样本集分解为工作集 B 和 D,每次只对工作集 B 中的样本进行迭代,而工作集 D 中的样本所对应的拉格朗日乘子 α_i 保持不变。然后,将集合 D 中违背 KKT 最严重的样本点与工作集 B 中的一部分样本点进行交换。Chunking 算法、Osuna 算法、SVM Light 算法以及 SMO 算法等都是基于上述思想将问题进行分解,故它们统称为分解算法(decomposition algorithm)。由于此类算法采取了分解原问题、求解子问题的策略,从而在一定程度上克服了二次规划求解算法在数据规模很大的情况下遇到的存储瓶颈问题,为解决大规模训练问题提供了途径。目前,LIBSVM 成为了广泛使用的求解支持向量机的软件包。

6.4.2 多分类问题

SVM 是针对二分类任务设计的,对多分类任务要进行专门的推广。

考虑多分类问题。给定训练样本集 $S = \{(\boldsymbol{x}_1, y_1), (\boldsymbol{x}_2, y_2), \cdots, (\boldsymbol{x}_m, y_m)\}$,其中,$\boldsymbol{x}_i \in \mathbf{R}^n$,$y_i \in \{1, 2, \cdots, c\}$,$i = 1, 2, \cdots, m$,而 c 表示类别总数,目的是寻找一个决策函数 $f(\boldsymbol{x}): \boldsymbol{x} \in \mathbf{R}^n \to y$。常常将上述问题转化为二分类问题,常见的有一对其余策略和一对一策略。

1) 一对其余策略

对于上述 c 分类问题,一对其余策略共需要构造 c 个二分类最优超平面。

第 1 个二分类问题:把第 1 类看作正类,其余类(第 2 类,第 3 类,$\cdots$,第 c 类)看作负类。

第 2 个二分类问题:把第 2 类看作正类,其余类(第 1 类,第 3 类,$\cdots$,第 c 类)看作负类。

$\vdots$

第 c 个二分类问题:把第 c 类看作正类,其余类(第 1 类,第 2 类,$\cdots$,第 $c-1$ 类)看作负类。

对上述 c 个二分类问题,用前面介绍的二分类支持向量机分别求出最优超平面。设第 i 个二分类问题的最优超平面为

$$g_i(\boldsymbol{x}) = (\boldsymbol{\omega}_i \cdot \boldsymbol{\varPhi}(\boldsymbol{x})) + b_i = 0 \tag{6.45}$$

然后用下式判断输入 $\boldsymbol{x}$ 所属的类别：

$$i^* = \max_{i \in \{1,2,\cdots,c\}} g_i(\boldsymbol{x}) \tag{6.46}$$

如果有两个 i 值(如 i_1 和 i_2)使得式(6.46)达到最大,则此时无法推断 $\boldsymbol{x}$ 的归属。其实当 $g_{i_1}(\boldsymbol{x})$ 和 $g_{i_2}(\boldsymbol{x})$ 相差很少时,推断结果也很不可信。对此可以引入一个适当的阈值 θ,而把两个最大的 $g_{i_1}(\boldsymbol{x})$ 和 $g_{i_2}(\boldsymbol{x})$ 值的差作为可推断一个输入 $\boldsymbol{x}$ 的归属的置信度。如果这个差值小于给定的阈值 θ,那就不把它归入任何一类中,即拒绝对它进行分类,这样做会降低错误率。

2) 一对一策略

对于上述的 c 分类问题,一对一策略共需要构造 $\dfrac{c(c-1)}{2}$ 个二分类最优超平面。

第 1 个二分类问题:第 1 类看作正类,第 2 类看作负类,组成训练集 T_{12};

第 2 个二分类问题:第 1 类看作正类,第 3 类看作负类,组成训练集 T_{13};

⋮

第 $i(3 < i \leqslant c)$ 个二分类问题:第 1 类看作正类,第 i 类看作负类,组成训练集 T_{1i};

⋮

第 $c+i-3(3 < i \leqslant c)$ 个二分类问题:第 2 类看作正类,第 i 类看作负类,组成训练集 T_{2i};

⋮

第 $\dfrac{c(c-1)}{2}$ 个二分类问题:第 $c-1$ 类看作正类,第 c 类看作负类,组成训练集 $T_{(c-1)c}$。

对上述 $\dfrac{c(c-1)}{2}$ 个二分类问题,用前面介绍的二分类支持向量机分别求出最优超平面。

设训练集 T_{ij} 对应的二分类问题的最优超平面为

$$g_{ij}(\boldsymbol{x}) = (\boldsymbol{\omega}_{ij} \cdot \boldsymbol{\varPhi}(\boldsymbol{x})) + b_{ij} = 0, \quad i < j, \quad 1 < j \leqslant c, \quad 1 \leqslant i < c \tag{6.47}$$

用分类器 $g_{ij}(\boldsymbol{x})$ 判断输入 $\boldsymbol{x}$ 所属的类别：

$$ij^* = \begin{cases} i, g_{ij}(\boldsymbol{x}) > 0 \\ j, 其他 \end{cases} \tag{6.48}$$

然后要考虑上述所有的 $\dfrac{c(c-1)}{2}$ 个分类器对 $\boldsymbol{x}$ 所属类别的意见,可以采用投票法来确定 $\boldsymbol{x}$ 最终所属的类别,即一个分类器判定 $\boldsymbol{x}$ 属于第 i 类,则第 i 类获得一票,得票最多的类别就是 $\boldsymbol{x}$ 所属的类别。

6.5　新闻文本分类案例

随着互联网的不断发展,网络上的新闻越来越多,如何快速有效地对新闻进行自动分类变得很有意义。

本节用于新闻文本分类的数据集来自搜狗实验室。该数据集包括搜狐 2012 年 6 月～7 月的国内和国际的体育、社会、娱乐等 18 个频道的新闻数据。新闻数据集没有直接提供分类,而是通过新闻来源网址的 URL 来确定其对应的分类,比如 gongyi. souh. com 的 URL 前缀对应的新闻类型就是"公益类"。

依据这样的规律,对全部数据进行标记,成功标记出 50 万条新闻,共 15 个类别,同时将无法标志的新闻删除。对标记的新闻进一步分析,发现新闻的类别分布不均匀,最后选择 11 个类别分布均匀的新闻,分别是汽车类、财经类、IT 类、健康类、体育类、旅游类、教育类、军事类、文化类、娱乐类和时尚类,从每个类抽选 2000 条新闻,按 4∶1 的比例将它们分成训练集和测试集。

1. 文本预处理

收集数据之后,通过查看新闻字数发现,每条新闻的字数为 0～2000 字,说明如果基于这些数据做短文文本分类,需要对原始文本进行固定长度的截取。因为新闻标题和新闻内容联系密切,所以将标题和内容连到一起,本案例截取的新闻长度为 0～100 字,一条新闻为一行。用 jieba 将新闻分词,jieba 为 Python 语言开发的中文分词模块,可以使用 pip install jieba 安装该模块。中文分词指的是将一个汉字序列切分成一个个单独的词语,分词后利用词性标注结果,把词性为"x"的字符串去掉,以完成去标点符号的操作。以"我爱北京天安门"这句话为例,进行分词及词性标注的示例代码如下:

```
import jieba.posseg as pseg
str1= "我爱北京天安门"
result= pseg.cut(str1)   # 词性标注,标注分词后每个词的词性
for s in result:
    print(s.word,s.flag)
```

得到的结果文件:①新闻文本数据,每行一条新闻,每条新闻由若干个词组成,词之间以空格隔开,训练文本有 17600 行,测试文本有 4324 行;②新闻标签数据,每行一个数字,对应着每条新闻所属的类别。

2. 词频统计、特征抽取

词频-逆向文件频率(term frequency-inverse document frequency,TF-IDF)是一种在文本挖掘中广泛使用的特征向量化方法,它可以体现一份文档中的词语在语料库中的重要程度。它由两部分组成,词频(TF)和逆向文件频率(IDF),结果为两部分的乘积,即 TF-IDF= TF×IDF。TF 指的是某一个给定的词语在文本中出现的次数,IDF 是一个词语的普遍重要性度量。如何计算一个词语的 TF 呢? 假如一篇新闻中总的词语数是 100 个,而词语"汽车"出现了 3 次,那么"汽车"一词在该新闻中的 TF 是 3/100=0.03。计算某个给定词语的 IDF,可以由总文件数除以包含该词语的文件数,将得到的结果取对数,就可以求得该值。例如,"汽车"一词在 10 篇新闻中出现过,而新闻总数是 1000,则 IDF=lg(1000/10)=2。在本例中,词语"汽车"的 TF-IDF=0.03×2=0.06。

根据上述计算给定词语的 TF-IDF 值的方法,计算训练集文件的 TF-IDF 矩阵,其中行数是数据集中出现的不同单词的数量,列数是新闻的数量,对本例而言,TF-IDF 的结果是一个 17600×65604 的矩阵。TF-IDF 矩阵可以使用 sklearn 库的 CountVectorizer() 和 TfidTransformer() 函数计算。CountVectorizer() 函数可以统计每个词汇在训练文本中出现的频率,TfidTransformer() 函数用于计算词汇的 TF-IDF 值,两个函数需要结合使用。代码如下:

```
from sklearn. feature _ extraction. text import CountVectorizer,
TfidfTransformer
    train_texts= open('train_contents.txt',encoding= 'utf- 8').read
().split('\n')  # 读取文件内容
    train_labels= open('train_labels.txt',encoding= 'utf- 8- sig').
read().split('\n')
    test_texts= open('test_contents.txt',encoding= 'utf- 8').read
().split('\n')
    test_labels= open('test_labels.txt',encoding= 'utf- 8- sig').
read().split('\n')
    all_text= train_texts+ test_texts  # 由于对训练集和测试集分开提取特
征会导致两者的特征空间不同,所以对训练集和测试集共同提取特征
    count_v0= CountVectorizer()  # 初始化 CountVectorizer
    counts_all= count_v0.fit_transform(all_text)
    # 从数据集提取特征向量
    count_v1= CountVectorizer(vocabulary= count_v0.vocabulary_)
    counts_train= count_v1.fit_transform(train_texts)
    # 从训练集提取特征向量
    print("the shape of train is "+ repr(counts_train.shape))
    count_v2= CountVectorizer(vocabulary= count_v0.vocabulary_)
    counts_test= count_v2.fit_transform(test_texts)
    # 从测试集提取特征向量
    print("the shape of test is "+ repr(counts_test.shape))
    tfidftransformer= TfidfTransformer()  # 初始化 TfidfTransformer
    train_data = tfidftransformer. fit (counts _ train). transform
(counts_train)
    # 将 counts_train 矩阵变换为归一化的 TF-IDF 矩阵
    test_data= tfidftransformer.fit(counts_test).transform(counts_
test)
    # 将 counts_test 矩阵变换为归一化的 TF-IDF 矩阵
```

3. SVM 分类器训练模型

支持向量机是用于分类、回归和异常值检测的监督学习方法,在 SVM 中,核函数的选取和参数的选择很重要。在 scikit-learn 库中,可以使用 from sklearn. svm import SVC 来实现,SVC()是实现多分类的函数。SCV()的主要参数如下。

C:误差项的惩罚参数,一般取 10 的 n 次幂,默认值为 1。

kernel:核函数,可以是线性核(linear)、多项式核(ploy)、sigmoid、高斯核(rbf),默认是高斯核(rbf)。

gamma:是选择核函数后,该函数自带的一个系数,隐含地决定数据映射到新的特征空间后的分布,默认为"auto",表示该值为 1/n_features。

选用线性核函数训练模型,实现的分类器代码如下:

```
from sklearn.svm import SVC
svclf= SVC(kernel= 'linear')                              # 选用线性核
svclf.fit(train_data,train_labels)                         # 训练模型
preds= svclf.predict(test_data)                            # 预测
num= 0
for i in range(len(preds)):
    if preds[i]= = test_labels[i]:
        num+ = 1
print('precision_score:'+ str(float(num)/len(preds)))# 输出模型的准确率
```

分类准确率为 0.844357。

也可以使用其他核函数来与该实验效果进行对比,比如高斯核、多项式核等。

6.6   scikit-learn 库中的 SVM

scikit-learn 库中的 sklearn. svm 模块实现了常用的 SVM 算法,如支持向量机分类
(SVC)、支持向量机回归(SVR)等。

其中,SVC 实现的代码如下:

```
class sklearn.svm.SVC(C= 1.0,kernel= 'rbf',degree= 3,gamma= 'auto',
coef0= 0.0,shrinking= True,probability= False,tol= 0.001,cache_size=
200,class_weight= None,verbose= False,max_iter= 1,decision_function_shape
= 'ovr',random_state= None)
```

参数列表如表 6.1 所示。

表 6.1   参数列表

参　数　名	取值或类型	默认值	描　　述
C	float	1.0	惩罚因子
kenel	'rbf'、'linear'、'poly'、'sigmoid'	'rbf'	核函数类型,高斯核(rbf)、线性核(linear)、多项式核(poly)等
degree	int	3	该参数只对 poly()核函数有用,是指 poly()函数的阶
gamma	float	'auto'	核函数的系数,只对 rbf()、poly()、sigmoid()核函数有效
coef0	float	0.0	核函数中独立的项,只对 poly()、sigmoid()核函数有效
probability	boolean	False	是否使用概率估计,必须在调用 fit()方法之前启用
shrinking	boolean	True	是否采用启发式搜索方式

续表

参　数　名	取值或类型	默认值	描　　述
tol	float	1e−3	SVM 停止迭代的阈值
cache_size	float	200	指定训练所需要的内存,以 MB 为单位
class_weight	{dict,'balanced'}	None	给每个类别分别设置不同的惩罚参数 C,如果没有,则所有类别 C=1;如果给定参数为'balanced',则自动调整与输入数据中类别频率成反比的权重
verbose	boolean	False	是否启用详细输出
max_iter	int	−1	最大迭代次数,如果为−1,表示不限制
deciosion_function_shape	'ovo'、'ovr'	'ovr'	'ovr'代表 one-vs-rest 策略;'ovo'代表 one-vs-one 策略
random_state	int、RandomState、None	None	如果是 int,则代表随机数生成器的种子;如果是 RandomState 实例,则指定了随机数生成器;如果是 None,则代表使用默认的随机数生成器

属性介绍如下。

suport_:array,[n_SV],指支持向量的索引。

support_vevtors_:array,[n_SV,n_features],支持向量。

n_support_:array,数据类型为 int32,[n_class],每个类别支持向量数。

dual_coef:array,[n_class-1,n_SV],决策函数中支持向量的系数。

coef_:array,[n_class-1,n_features],分配给特征的权重,只对线性核有效。

intercept_:array,[n_class*(n_class−1)/2],决策函数中的常量。

方法介绍如下。

decision_function(X):计算样本 X 到分离超平面的距离。

fit(X,y,samples_weight=None):根据训练集训练 SVM 模型。

get_params(deep=True):获取模型的参数。

predict(X):根据测试集 X 预测结果。

predict_log_proba(X):根据测试集计算样本 X 为某个类别的对数概率。

predict_proba(X):计算样本 X 为某个类别的概率。

score(X,y,samples_weight=None):返回给定测试数据集和标签的平均准确率。

set_params(**params):设置模型的参数。

第7章 贝叶斯网络

7.1 概　　述

在研究某类问题时,例如考试的成绩,灯泡的寿命,产品的质量等,研究对象的影响因素可能是具有不确定性的。这些不确定性或者以随机形式表示或者以模糊形式表示。因此在研究因素与结果的关系时,要考虑其不确定性条件的度量表示。如对于随机形式结果的表示,用概率表示其出现的可能性。对于模糊形式的结果表示,用隶属度表示其隶属某一结果的可能性。

在实际工作中,不仅要建立因素与结果的关系,而且还需要了解因素与因素之间的关系,即一个因素的出现导致另一因素出现的可能性大小,需要了解当结果出现时,导致结果出现的最有可能的因素是哪个。把原因推理原因、原因推理结果称为知识的正向推理,把结果推理影响原因称为知识诊断。

当前解决不确定性知识推理的主要方法是贝叶斯网络。贝叶斯网络是用来表示变量之间连接关系概率的图形模式,它提供了一种自然的表示因果信息的方法,用来发现数据间潜在的关系。贝叶斯网络建立在贝叶斯理论之上,其具有稳固的数学理论基础。它刻画了信任度与证据的一致性以及信任度随证据而变化的增量学习特性,以概率测度的权重来描述数据间的相关性。贝叶斯网络以其不确定性知识表达形式、概率表达能力、综合先验知识的增量学习特性等成为当前众多数据挖掘方法中引人注目的方法。

7.1.1 贝叶斯网络的定义

设 X 是一个随机变量集,$X = \{X_1, X_2, \cdots, X_n\}$,其中 X_i 从一有限集 $Val(X_i)$ 中取值。X 的一个贝叶斯网络定义了 X 上的一个联合概率分布。用 $B = <G, \Theta>$ 表示一贝叶斯网络,其中,G 是一个有向无环图,其顶点对应于有限集 X 中的随机变量 $X_1, X_2, \cdots, X_n$,其弧代表一个函数依赖关系,如果有一条弧从 X_i 到 X_j,则 X_i 是 X_j 的双亲或直接前驱,X_j 是 X_i 的后继,变量 X_k 的所有双亲变量用集合 $Pa(X_k)$ 表示,并用 $pa(X_k)$ 表示 $Pa(X_k)$ 的一个取值。一旦给定其双亲,图中的每个变量将独立于图中该节点的非后继。这里的独立是指条件独立,其定义为:给定 Z,X_i 和 X_j 是条件独立的,如果 $\forall x_i \in X_i$,$\forall x_j \in X_j$,$\forall z \in Val(Z)$,当 $P(X_j, Z) > 0$ 时,有 $P(x_i \mid z, x_j) = P(x_i \mid z)$ 成立。Θ 表示用于量化网络的一组参数。对于每一个 X_i 的取值 x_i,以及 $Pa(X_i)$ 的取值 $pa(X_i)$,存在一个参数使 $\theta_{x_i \mid pa(X_i)} = P(x_i \mid pa(X_i))$,指明了在给定 $pa(X_i)$ 时,x_i 发生的条件概率。图 7.1 所示的是一个贝叶斯网络。

7.1.2 贝叶斯网络的知识推理模式

应用贝叶斯网络的知识推理模式,主要有以下三种。

（1）因果推理。由原因推知结论，又可称为至顶向下的推理，目的是由原因推导出结果。已知一定的原因（事实），使用贝叶斯网络的推理计算，求出在该原因情况下结果发生的概率。

（2）诊断推理。由结论推知原因，又可称为至底向上的推理，目的是在已知结果时，找出产生该结果的原因。已知发生了某些结果，根据贝叶斯网络的推理计算，得到造成该结果发生的原因和发生的概率。

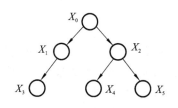

图 7.1 一个贝叶斯网络

（3）支持推理。支持推理可以提供解释以支持所发生的现象，目的是对原因之间的相互影响进行分析。

7.1.3 贝叶斯网络建立的主要步骤

贝叶斯网络的建立主要分为两个相继环节：结构学习与参数学习。结构学习是利用一定的方法建立贝叶斯网络结构的过程，该过程决定了各个变量之间的关系，结构学习环节是贝叶斯网络分类算法的最重要的步骤，是参数学习环节与分类环节的基础。参数学习是量化网络的过程，它在网络结构已知的情况下计算各节点 X_i 的条件概率。

常用三种不同的方式来构造贝叶斯网络。

（1）由领域专家确定贝叶斯网络的变量（有时也称为影响因子）节点，然后通过专家的知识来确定贝叶斯网络的结构，并指定它的分布参数。用这种方式构造贝叶斯网络完全在专家的指导下进行，由于人类知识的有限性，构建的网络与实践中积累下的数据具有很大的偏差。

（2）由领域专家确定贝叶斯网络的节点，通过大量的训练数据，来学习贝叶斯网络的结构和参数。这种方式完全是一种数据驱动的方法，具有很强的适应性。随着人工智能、数据挖掘和机器学习的不断发展，这种方法成为可能。如何从数据中学习贝叶斯网络的结构和参数，已经成为贝叶斯网络的研究热点。

（3）由领域专家确定贝叶斯网络的节点，通过专家的知识来指定网络的结构，通过机器学习的方法从数据中学习网络的参数。这种方式实际上是前两种方式的折中，当领域中变量之间的关系较明显时，这种方法能大大提高学习效率。

7.1.4 贝叶斯网络的结构学习

贝叶斯网络的结构学习算法主要分析节点依赖关系与节点连接关系。常用的方法是基于评分-搜索的贝叶斯网络结构学习算法和基于信息论的依赖分析方法。

（1）基于评分-搜索的贝叶斯网络结构学习算法将学习问题看作为数据集寻找最合适的结构，这类算法从没有边的图形开始，利用搜索方法将边加入到图形中。然后利用测试方法检验新的结构是否优于旧的结构。如果是，保存新加上的边并继续加入其他边。重复这一过程直到寻找到最优的结构。不同的测试标准可以应用在算法中评价结构的优劣。大多数算法应用的是启发式搜索的方法。为了减少搜索空间，许多算法事先知道节点的次序。

基于评分-搜索的算法虽然能够搜索到精确的网络结构，但其搜索空间很大。Robinson 给出了已知变量数 n 时，计算可能的贝叶斯网络结构的个数的回归函数，即

$$f(n) = \sum_{i=1}^{n} (-1)^{i+1} \binom{n}{i} 2^{i(n-i)} f(n-i)$$

由此可知,当 $n=2$ 时,可能的贝叶斯网络结构的个数是 3;$n=3$ 时,是 25;$n=5$ 时,是 29281;$n=10$ 时,大约是 4.2×10^{18}。

因此,当变量数 n 较大时,贝叶斯网络的结构空间是相当大的,这会使得搜索用时较长且结果较差。这导致准确有效地找到贝叶斯网络分类器的最优网络结构是非常困难的。

一般地,基于评分-搜索的算法需要与其他一些能够降低其运算复杂性的方法一起使用,比如聚类。

K2 算法是评分-搜索的经典算法。K2 算法的目的是在给定数据集 D 时,通过最大化概率 $P(B_s | D)$,找到最合理的贝叶斯网络 B_s。

(2) 基于信息论的依赖分析算法主要根据变量之间的依赖性建立贝叶斯网络结构。依赖关系通过变量的互信息程度定义,如果对应变量的网络节点为 X_i 和 X_j,则 X_i 和 X_j 之间的互信息可以表示为

$$I(X_i, X_j) = \sum_{X_i, X_j} P(X_i, X_j) \log_2 \frac{P(X_i, X_j)}{P(X_i)P(X_j)}$$

条件互信息为

$$I(X_i, X_j \mid C) = \sum_{X_i, X_j, C} P(X_i, X_j, C) \log_2 \frac{P(X_i, X_j \mid C)}{P(X_i \mid C)P(X_j \mid C)}$$

其中,C 是一个节点集合,如果 $I(X_i, X_j) \leqslant \varepsilon$($\varepsilon$ 是一个定值),则节点 X_i 和 X_j 依赖较少。

7.1.5　贝叶斯网络的参数学习

贝叶斯网络的参数学习实质上是在已知网络结构的条件下,通过样本学习获取每个节点的概率分布表。初始的贝叶斯网络的概率分布表一般由专家根据先验知识指定,称为网络的先验参数。这样的先验参数可能导致学习结果与观测数据产生较大的偏差。要使偏差减少,必须学习样本数据以获取更准确的参数及其相应的概率分布。针对完整数据与不完整数据,贝叶斯网络的参数学习也分为两种不同情况。

1. 基于完整数据的参数学习

对完备数据集 D 进行条件概率学习的目标是找到能以概率形式 $P(x|\theta)$ 概括样本 D 的参数 θ。参数学习一般要首先指定一定的概率分布族,然后利用一定的策略估计这些分布的参数。通常有两种学习方法:贝叶斯算法和最大似然估计法。这两种方法都是以下面的独立同分布假设为前提的。

(1) 参数全局独立性:给定网络结构 B 的情况下,有 $P(\theta_s \mid B) = \prod_{i=1}^{n} P(\theta_i \mid B)$ 成立;

(2) 参数局部独立性:给定网络结构 B 的情况下,有 $P(\theta_i \mid B) = \prod_{j=1}^{q_i} P(\theta_{ij} \mid B)$ 成立。

设定 $X = (X_1, X_2, \cdots, X_n)$ 为对应各节点的随机变量集,B 表示贝叶斯网络的结构,θ 表示各节点的条件概率分布的随机变量。样本数据 $D = (D_1, D_2, \cdots, D_m)$,每个 x_t 都是随机变量 X 的实例,目的是通过对样本数据 D 的学习,得到各节点的条件概率分布 θ。

1) 贝叶斯算法

贝叶斯算法中的条件概率由两部分组成:观测前的先验知识和观测到的数据。在贝叶斯网络的参数学习中,先验知识包括参数的先验分布的选取和分布参数的选择,学习的任务就是找到一定的算法把二者有机结合起来。下面以共轭 Dirichlet 分布作为先验分布的选取原则,来讨论条件概率学习过程。

首先假定参数 $\theta = (\theta_1, \theta_2, \cdots, \theta_N)$ 的先验分布为 Dirichlet 分布:

$$P(\theta) = \mathrm{Dir}(\alpha_1, \alpha_2, \cdots, \alpha_N) = \frac{\Gamma(\alpha)}{\prod_i \Gamma(\alpha_i)} \prod_i \theta_i^{\alpha_i - 1}$$

其中,$\theta_j > 0, \sum_{j=1}^{N} \theta_j = 1, \alpha = \sum_{i=1}^{N} \alpha_i$ 是分布精度,区别于分布参数,$\alpha_i > 0 (i=1, \cdots, n)$ 为超参数,这些参数为每个取值出现个数的先验知识。当 $N=2$ 时为 Beta 分布。那么样本发生的概率为

$$P(D) = \frac{\Gamma(\alpha)}{\Gamma(\alpha+n)} \prod_i \frac{\Gamma(\alpha_i + n_i)}{\Gamma(\alpha_i)} \tag{7.1}$$

参数的后验概率也为 Dirichlet 分布,即

$$P(\theta \mid D) = \frac{P(\theta)P(D \mid \theta)}{P(D)} = \frac{\Gamma(\alpha+n)}{\prod_i \Gamma(\alpha_i + n_i)} \prod_k \theta_k^{\alpha_k + n_k - 1}$$

$$= \mathrm{Dir}(\alpha_1 + n_1, \cdots, \alpha_N + n_N)$$

其中,$P(D|\theta) = \theta_1^{n_1} \theta_2^{n_2} \cdots \theta_N^{n_N}$,$n_i$ 是训练样本中 x_i 的第 i 个值出现的次数,n 为总的出现次数。

对于含有多个父节点的条件概率的计算,θ_{ijk} 表示父状态 $\pi_i = j$ 时,$x_i = k$ 的条件概率,r_i 表示 x_i 的取值个数,q_i 表示所有父节点的状态总数,那么在以上假设的基础上,对于每个变量 x_i 和它的父状态 $\pi_i = j$ 服从 Dirichlet 分布:

$$P(\theta_{ij1}, \cdots, \theta_{ijn} \mid \zeta) = \zeta \prod_k \theta_{ijk}^{\alpha_{ijk}}$$

在数据集 D 下的后验分布仍为 Dirichlet 分布,所以可以用下式来计算条件概率,即

$$\theta_{ijk} = \frac{\alpha_{ijk} + n_{ijk}}{\alpha_{ij} + n_{ij}} \left(\alpha_{ij} = \sum_k \alpha_{ijk}, n_{ij} = \sum_k n_{ijk} \right)$$

2) 最大似然估计法

最大似然估计法是目前最常用的参数学习算法,该算法可以看成是贝叶斯算法的特例。当完全忽略参数的先验知识(即 Dirichlet 分布中的 α_{ijk} 都为 0)时,贝叶斯算法就转化为最大似然估计法。

在这个算法中,参数 θ_{ijk} 的期望值等于 $\frac{n_{ijk}}{n_{ij}}$,实质上就是计算给定父节点集合的值时,节点不同取值的出现概率,并将其作为该节点的条件概率参数。

2. 不完整数据下的参数学习

当训练样本集是不完整的时,一般要借助近似方法,目前最流行的针对不完整数据集的学习算法是 Gibbs 抽样算法和 EM 算法。

Gibbs 抽样算法是一种随机的方法,能近似得出变量的初始概率分布,算法定义为:按照候选假设集合 H 上的后验概率分布,从 H 中随机选择假设 h,用 h 来预言下一个实例的

分类。算法分为三个步骤：首先，随机地对所有未观测变量的状态进行初始化，由此可以得出一个完整的数据集；然后，基于这个完整的数据集，对条件概率表 CPT 进行更新；最后，基于更新的 CPT 参数，用 Gibbs 抽样算法对所有丢失的数据进行抽样，得到一个完整的数据集。直到 CPT 达到稳定时，完成学习过程。

EM 算法可用于变量的值从来没有被直接观察到的情形，只要这些变量所遵循的概率分布的一般形式已知即可。利用 EM 算法搜索参数的极大后验概率（maximum a posteriori，MAP），这个算法包括两个步骤：期望（expectation step）和最大化（maximization step）。expectation（E）步骤：用现有参数来估计未观察参数；maximization（M）步骤：利用估计参数进行参数的 ML/MAP 估计，将估计值赋给参数。重复 EM 步骤，直到收敛到局部最优解。在 E 步骤，所有节点的期望值可以用推理算法进行计算。其基本思想是：首先给整个网络的 CPT 选择随机值，并将其作为当前假设 g，利用网络结构的 CPT 做概率推理，得到隐藏变量的概率权值（给定观察数据值时，缺失数据值的条件概率），通过采样获得这些变量的估计值，然后利用这些估计值计算出新的最大可能的假设 g'，用 g' 替换 g。重复以上过程，该过程伴随着隐藏变量的估计值，收敛于本地最大可能的假设，即最大可能的条件概率表。

7.1.6　主要的贝叶斯网络模型

根据变量关系要求的条件不同，贝叶斯网络一般分为有约束贝叶斯网络和无约束贝叶斯网络。有约束贝叶斯网络要求变量对应的节点是相互独立的或有少量的节点是不独立的，这样的假设可以使网络建立过程中的结构简化或参数学习的计算量减小，而无约束贝叶斯网络允许变量节点是不独立的。

7.2　朴素贝叶斯网络

朴素贝叶斯网络是典型的有约束贝叶斯网络。朴素贝叶斯网络有如图 7.2 所示的简单结构。这个网络描述了朴素贝叶斯分类器的假设：即给定类变量（网络中的根节点）的状态，每个属性变量（网络中的每个叶节点）与其余的属性变量是独立的。

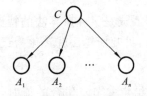

图 7.2　朴素贝叶斯网络结构

朴素贝叶斯网络分类器的算法流程如下。

（1）每个数据样本用一个 n 维特征向量 $\boldsymbol{x}=(x_1,x_2,\cdots,x_n)$ 表示，即每个样本用 n 个属性 $A_1,A_2,\cdots,A_n$ 进行描述。

（2）假定有 m 个类 $C_1,C_2,\cdots,C_m$。给定一个未知的数据样本 $\boldsymbol{x}$（即没有类标号），分类法将预测 $\boldsymbol{x}$ 属于具有最大后验概率（条件 $\boldsymbol{x}$ 下）的类。也就是说，朴素贝叶斯分类器将未知的样本分配给类 C_i，当且仅当

$$P(C_i \mid \boldsymbol{x}) > P(C_j \mid \boldsymbol{x}), \quad 1 \leqslant j \leqslant m, \quad j \neq i$$

时，最大化 $P(C_i|\boldsymbol{x})$，使 $P(C_i|\boldsymbol{x})$ 最大的类 C_i 称为最大后验假定。根据贝叶斯公式有

$$P(C_i \mid \boldsymbol{x}) = \frac{P(\boldsymbol{x} \mid C_i)P(C_i)}{P(\boldsymbol{x})}$$

（3）由于 $P(x)$ 对于所有类为常数，因此只需要 $P(x|C_i)P(C_i)$ 最大即可。如果类的先验概率未知，则通常假设这些类是等概率的，即 $P(C_1)=P(C_2)=\cdots=P(C_m)$。并据此只对 $P(x|C_i)$ 最大化。否则，最大化 $P(x|C_i)P(C_i)$。注意，类的先验概率可以用 $P(C_i)=s_i/s$ 计算，其中，s_i 是类 C_i 中的训练样本数，而 s 是训练样本总数。

（4）给定具有许多属性的数据集，计算 $P(x|C_i)$ 的代价可能非常大。为降低计算 $P(x|C_i)$ 的代价，可以做类条件独立的朴素假设。给定样本的类标号，假设属性值相互条件独立，即在属性之间不存在依赖关系。则有

$$P(x \mid C_i) = \prod_{k=1}^{n} P(x_k \mid C_i)$$

概率 $P(x_1 \mid C_i), P(x_2 \mid C_i), \cdots, P(x_n \mid C_i)$ 可以由训练样本估值，其中：

① 如果 A_k 是离散属性，则 $P(x_k \mid C_i) = s_{ik}/s_i$，其中 s_{ik} 是在属性 A_k 上具有值 x_k 的类 C_i 的训练样本数，而 s_i 是类 C_i 的训练样本数；

② 如果 A_k 是连续属性，则离散化该属性。

（5）为对未知样本 x 分类，对每个类 C_i，计算 $P(x|C_i)P(C_i)$。样本 x 被指派到类 C_i，当且仅当

$$P(x \mid C_i)P(C_i) > P(x \mid C_j)P(C_j), \quad 1 \leqslant j \leqslant m, \quad j \neq i$$

时，x 被指派到使 $P(x|C_i)P(C_i)$ 最大的类 C_i。

例 7.1　给定如表 7.1 所示的训练数据集，数据样本用属性 age，income，student 和 credit_rating 描述。类标号属性 buy_computer 具有两个不同值（即 yes 和 no）。设 C_1 对应于类 buy_computer＝"yes"，而 C_2 对应于类 buy_computer＝"no"。待分类样本为

　　$x=$（age＝"$\leqslant 30$"，income＝"medium"，student＝"yes"，credit_rating＝"fair"）

要求利用朴素贝叶斯网络分类器预测待分类样本的类标号。

表 7.1　All Electronics 顾客数据库训练数据集

RID	age(X_0)	income(X_1)	student(X_2)	credit_rating(X_3)	Class：buy_computer
1	$\leqslant 30$	high	no	fair	no
2	$\leqslant 30$	high	no	excellent	no
3	$31 \sim 40$	high	no	fair	yes
4	>40	medium	no	fair	yes
5	>40	low	yes	fair	yes
6	>40	low	yes	excellent	no
7	$31 \sim 40$	low	yes	excellent	yes
8	$\leqslant 30$	medium	no	fair	no
9	$\leqslant 30$	low	yes	fair	yes
10	>40	medium	yes	fair	yes
11	$\leqslant 30$	medium	yes	excellent	yes

续表

RID	age(X_0)	income(X_1)	student(X_2)	credit_rating(X_3)	Class: buy_computer
12	31～40	medium	no	excellent	yes
13	31～40	high	yes	fair	yes
14	＞40	medium	no	excellent	no

朴素贝叶斯网络的建立与分类过程如下。

1）建立朴素贝叶斯网络的结构

根据朴素贝叶斯网络的定义，可以初步得到如图 7.3 所示的朴素贝叶斯网络结构，这里 $X_0=$ age，$X_1=$ income，$X_2=$ student，$X_3=$ credit_rating，$C=$ buy_computer。

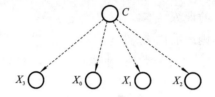

图 7.3　初步建立朴素贝叶斯网络结构

2）建立朴素贝叶斯网络节点的参数

贝叶斯网络节点的参数是指在各种不同状态下节点对应的随机事件出现的条件概率，这些条件概率可根据给定的样本集 D，以频率近似概率的计算来获取，并用条件概率表 CPT 表示。由公式 $P(A|B)=\dfrac{P(AB)}{P(B)}$，节点 C 的 CPT 见表 7.2。事实上，节点 C 的 CPT 就是每个类的先验概率 $P(C_i)$。其余节点 X_0，X_1，X_2，X_3 的 CPT 分别如表 7.3、表 7.4、表 7.5 和表 7.6 所示。

表 7.2　节点 C 的 CPT

buy_computer＝"yes"	$\dfrac{9}{14}$
buy_computer＝"no"	$\dfrac{5}{14}$

表 7.3　节点 X_0 的 CPT

	buy_computer＝"yes"	buy_computer＝"no"
age≤30	$\dfrac{2}{9}$	$\dfrac{3}{5}$
31＜age≤40	$\dfrac{4}{9}$	0
age＞40	$\dfrac{3}{9}$	$\dfrac{2}{5}$

表 7.4　节点 X_1 的 CPT

	buy_computer＝"yes"	buy_computer＝"no"
income＝"high"	$\dfrac{2}{9}$	$\dfrac{2}{5}$
income＝"medium"	$\dfrac{4}{9}$	$\dfrac{2}{5}$
income＝"low"	$\dfrac{3}{9}$	$\dfrac{1}{5}$

表 7.5　节点 X_2 的 CPT

	buy_computer＝"yes"	buy_computer＝"no"
student＝"yes"	$\dfrac{6}{9}$	$\dfrac{1}{5}$
student＝"no"	$\dfrac{3}{9}$	$\dfrac{4}{5}$

表 7.6　节点 X_3 的 CPT

	buy_computer＝"yes"	buy_computer＝"no"
credit_rating＝"fair"	$\dfrac{6}{9}$	$\dfrac{2}{5}$
credit_rating＝"excellent"	$\dfrac{3}{9}$	$\dfrac{3}{5}$

3) 朴素贝叶斯网络的推理(分类)

结构学习与参数学习都是对训练数据集进行学习。训练数据集中每一个样本的类标号是已知的。分类是借助用结构学习与参数学习所建立的贝叶斯网络模型预测类标号未知的样本的类标号的过程。该过程首先计算待分类样本属于每一个类标号的后验概率,然后把具有最大后验概率的类作为该样本的类标号。

设一待分类样本在各个属性上的取值分别为$(X_1=a_1,X_2=a_2,\cdots,X_n=a_n)$,且类标号分别为 $c_1,c_2,\cdots,c_m$。若通过计算有

$$P(C=c_1 \mid X_1=a_1,X_2=a_2,\cdots,X_n=a_n)=p_1$$
$$P(C=c_2 \mid X_1=a_1,X_2=a_2,\cdots,X_n=a_n)=p_2$$
$$\vdots$$
$$P(C=c_m \mid X_1=a_1,X_2=a_2,\cdots,X_n=a_n)=p_m$$

则当 $p_i=\max\limits_{1\leqslant j\leqslant m}\{p_j\}$ 时,贝叶斯网络将把 c_i 作为该待分类样本的类标号。因此,分类过程的关键是如何计算

$$P(C=c_i \mid X_1=a_1,X_2=a_2,\cdots,X_n=a_n),\quad i=1,2,\cdots,m$$

由贝叶斯公式有

$$P(C = c_i \mid X_1 = a_1, X_2 = a_2, \cdots, X_n = a_n)$$

$$= \frac{P(C = c_i, X_1 = a_1, X_2 = a_2, \cdots, X_n = a_n)}{P(X_1 = a_1, X_2 = a_2, \cdots, X_n = a_n)}, \quad i = 1, 2 \cdots m$$

由于 m 个式子的分母是一样的，因此决定分类结果的是 m 个式子的分子。从理论上讲，精确计算联合概率分布 $P(C, X_1, X_2, \cdots, X_n)$ 是非常困难的。为了方便计算，贝叶斯网络假设有

$$P(C, X_1, X_2, \cdots, X_n) = P(C \mid Pa(C)) \cdot \prod_{i=1}^{n} P(X_i \mid Pa(X_i)) \tag{7.2}$$

其中，$Pa(X_i)$ 表示节点 X_i 的父节点。由于结构学习过程已经确定了每个节点 X_i 的父节点 $Pa(X_i)$，参数学习过程计算了每个节点的 CPT，故分类过程就变得简单易行。

根据样本集与上述计算过程，对于新待分类样本 $X =$（age = "$\leqslant 30$"，income = "medium"，student = "yes"，credit_rating = "fair"），需要计算的概率如下：

$$P(\text{buy\_computer} = \text{"yes"}) = \frac{9}{14}$$

$$P(\text{buy\_computer} = \text{"no"}) = \frac{5}{14}$$

$$P(\text{age} = \text{"<30"} \mid \text{buy\_computer} = \text{"yes"}) = \frac{2}{9}$$

$$P(\text{age} = \text{"<30"} \mid \text{buy\_computer} = \text{"no"}) = \frac{3}{5}$$

$$P(\text{income} = \text{"medium"} \mid \text{buy\_computer} = \text{"yes"}) = \frac{4}{9}$$

$$P(\text{income} = \text{"medium"} \mid \text{buy\_computer} = \text{"no"}) = \frac{2}{5}$$

$$P(\text{student} = \text{"yes"} \mid \text{buy\_computer} = \text{"yes"}) = \frac{6}{9}$$

$$P(\text{student} = \text{"yes"} \mid \text{buy\_computer} = \text{"no"}) = \frac{1}{5}$$

$$P(\text{credit\_rating} = \text{"fair"} \mid \text{buy\_computer} = \text{"yes"}) = \frac{6}{9}$$

$$P(\text{credit\_rating} = \text{"fair"} \mid \text{buy\_computer} = \text{"no"}) = \frac{2}{5}$$

根据条件独立性，可知：

$$P(X \mid \text{buy\_computer} = \text{"yes"}) = \frac{2}{9} \times \frac{4}{9} \times \frac{6}{9} \times \frac{6}{9} \approx 0.044$$

$$P(X \mid \text{buy\_computer} = \text{"no"}) = \frac{3}{5} \times \frac{2}{5} \times \frac{1}{5} \times \frac{2}{5} \approx 0.019$$

$$P(\text{buy\_computer} = \text{"yes"} \mid X)$$
$$= P(X \mid \text{buy\_computer} = \text{"yes"}) P(\text{buy\_computer} = \text{"yes"}) / P(X)$$
$$= (0.044 \times \frac{9}{14}) / P(X) \approx 0.028 / P(X)$$

$$P(\text{buy\_computer} = \text{"no"} | X)$$
$$= P(X | \text{buy\_computer} = \text{"no"}) P(\text{buy\_computer} = \text{"no"}) / P(X)$$
$$= (0.019 \times \frac{5}{14}) / P(X) \approx 0.007 / P(X)$$

因此,对于样本 x,朴素贝叶斯网络分类器预测其分类结果为 C_1 类,即 buy_computer = "yes"。

朴素贝叶斯网络分类器的特点如下。

(1) 优点:网络结构非常简单,建立网络时间少,参数学习与分类过程简便。

(2) 缺点:由于类条件独立假设割断了属性间的联系,使得其网络结构不合理,导致朴素贝叶斯网络分类器的分类精度相对较低。

7.3　TAN 贝叶斯网络

TAN(tree augmented naive bayesian)是一种有约束贝叶斯网络分类器,是对朴素贝叶斯网络分类器的一种改进。它要求属性节点除了以类节点为父节点外最多只能有一个属性父节点,即每一节点至多有两个父节点,如图 7.4 所示。

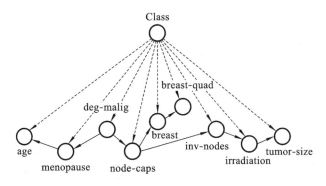

图 7.4　一个 TAN 网络结构

若 X、Y、Z 是属性变量,则两变量间的条件互信息定义为

$$I(X;Y \mid Z) = \sum_{x,y,z} P(x,y,z) \log_2 \frac{P(x,y \mid z)}{P(x \mid z) P(y \mid z)}$$

它可度量一个变量包含另一个变量的信息的多少,两变量间的互信息越大,则两个变量相互包含对方的信息就越多。

设 $\{X_1, X_2, \cdots, X_n\}$ 是 n 个属性节点,则 TAN 的结构学习过程分为如下五个步骤。

(1) 计算属性变量对之间的条件互信息: $I(X_i; X_j | C)$, $i, j = 1, 2, \cdots, n$。

(2) 建立一个以 $I(X_i; X_j | C)$ 为弧的权重的加权完全无向图, $i, j = 1, 2, \cdots, n$。

(3) 找出一个最大权重生成树。

(4) 选择一个根节点,设置所有边的方向为由根节点向外,把无向树转换为有向树。

(5) 增加一个类变量节点及类变量节点与属性节点之间的弧。

建立最大权重生成树的方法是:首先把边按权重由大到小排序,然后遵照选择的边不能构成回路的原则,按照边的权重由大到小的顺序选择边,这样由所选择的边构成的树便是最大权重生成树。

例 7.2 仍采用例 7.1 中的训练数据集以及待分类样本。并设 $X_0 =$ age, $X_1 =$ income, $X_2 =$ student, $X_3 =$ credit_rating, $C =$ buy_computer。要求应用 TAN 分类器预测待分类样本的类标号。

TAN 贝叶斯网络的建立与分类过程如下。

1) 建立 TAN 贝叶斯网络的结构

按照前面所述的 TAN 计算步骤,首先计算属性变量对之间的条件互信息:

$$I(X_0; X_1 \mid C) \approx 0.29084$$
$$I(X_0; X_2 \mid C) \approx 0.15444$$
$$I(X_0; X_3 \mid C) \approx 0.21609$$
$$I(X_1; X_2 \mid C) \approx 0.29084$$
$$I(X_1; X_3 \mid C) \approx 0.11707$$
$$I(X_2; X_3 \mid C) \approx 0.04232$$

然后,以属性变量对之间的条件互信息为弧的权重建立加权完全无向图,见图 7.5。

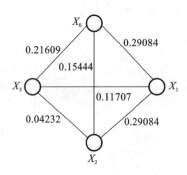

图 7.5 加权完全无向图

用 $e_{i,j}$ 表示节点 X_i 与 X_j 之间的边,则把边按权重由大到小排序有:

$$e_{0,1}, e_{1,2}, e_{0,3}, e_{0,2}, e_{1,3}, e_{2,3}$$

首先选择边 $e_{0,1}$,然后检查 $e_{0,1}, e_{1,2}$ 是否构成回路。由于 $e_{0,1}, e_{1,2}$ 不构成回路;接着检查 $e_{0,1}, e_{1,2}, e_{0,3}$ 是否构成回路。显然 $e_{0,1}, e_{1,2}, e_{0,3}$ 不构成回路;接着再检查 $e_{0,1}, e_{1,2}, e_{0,3}, e_{0,2}$ 是否构成回路,由于此时 $e_{0,1}$, $e_{1,2}, e_{0,2}$ 构成了回路,因此放弃 $e_{0,2}$,另外检查 $e_{0,1}, e_{1,2}$, $e_{0,3}, e_{1,3}$ 是否构成回路,同理,由于此时 $e_{0,1}, e_{0,3}, e_{1,3}$ 构成回路,放弃 $e_{1,3}$,检查 $e_{0,1}, e_{1,2}, e_{0,3}, e_{0,2}, e_{2,3}$ 是否构成回路,显然 $e_{0,1}, e_{1,2}, e_{0,3}, e_{0,2}, e_{2,3}$ 构成回路,因此也放弃 $e_{2,3}$。因此,最后得到的最大权重生成树为 $e_{0,1}, e_{1,2}, e_{0,3}$,如图 7.6 所示。

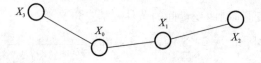

图 7.6 最大权重生成树

接着,选择一个根节点,设置所有边的方向为由根节点向外,把无向树转换为有向树。不妨选择 X_2 作为根节点建立有向树,见图 7.7。

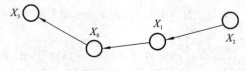

图 7.7 有向树

最后,增加一个类变量节点及类变量节点与属性节点之间的弧,并以类变量作为所有属性节点的父节点。这样就建立了一个 TAN 贝叶斯网络结构,见图 7.8。

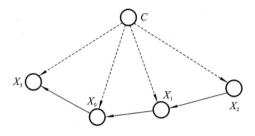

图 7.8　TAN 贝叶斯网络结构

2）建立 TAN 贝叶斯网络节点的参数

按照上面的参数学习过程以及方法,可以分别计算各个节点的 CPT,分别如表 7.7、表 7.8、表 7.9 和表 7.10 所示。

表 7.7　节点 X_2 的 CPT

	buy_computer="yes"	buy_computer="no"
student="yes"	$\frac{2}{3}$	$\frac{1}{5}$
student="no"	$\frac{1}{3}$	$\frac{4}{5}$

表 7.8　节点 X_1 的 CPT

	student="yes" buy_computer="yes"	student="yes" buy_computer="no"	student="no" buy_computer="yes"	student="no" buy_computer="no"
income="high"	$\frac{1}{6}$	0	$\frac{1}{3}$	$\frac{1}{2}$
income="medium"	$\frac{1}{3}$	0	$\frac{2}{3}$	$\frac{1}{2}$
income="low"	$\frac{1}{2}$	1	0	0

表 7.9　节点 X_0 的 CPT

	income ="high" buy_computer ="yes"	income ="medium" buy_computer ="yes"	income ="low" buy_computer ="yes"	income ="high" buy_computer ="no"	income ="medium" buy_computer ="no"	income ="low" buy_computer ="no"
age="0"	0	$\frac{1}{4}$	$\frac{1}{3}$	1	$\frac{1}{2}$	0

	income ="high" buy_computer ="yes"	income ="medium" buy_computer ="yes"	income ="low" buy_computer ="yes"	income ="high" buy_computer ="no"	income ="medium" buy_computer ="no"	income ="low" buy_computer ="no"
age="1"	1	$\frac{1}{4}$	$\frac{1}{3}$	0	0	0
age="2"	0	$\frac{1}{2}$	$\frac{1}{3}$	0	$\frac{1}{2}$	1

表 7.10　节点 X_3 的 CPT

	age="0" class="yes"	age="1" class="yes"	age="2" class="yes"	age="0" class="no"	age="1" class="no"	age="2" class="no"
credit_rating ="0"	$\frac{1}{2}$	$\frac{1}{2}$	1	$\frac{2}{3}$	0	0
credit_rating ="1"	$\frac{1}{2}$	$\frac{1}{2}$	0	$\frac{1}{3}$	0	1

（注：age="0"表示 age≤30，age="1"表示 31<age≤40，age="2"表示 age>40，credit_rating="0"表示 credit_rating ="fair"，credit_rating="1"表示 credit_rating="excellent"，下同。）

3）TAN 贝叶斯网络的推理（分类）

$X=$（age="≤30"，income="medium"，student="yes"，credit_rating="fair"）。

现在需要计算 $P(X|C_i)P(C_i)$，$i=1,2$。每个类的先验概率 $P(C_i)$ 可以根据训练样本计算：

$$P(\text{buy\_computer}="yes")=\frac{9}{14}$$

$$P(\text{buy\_computer}="no")=\frac{5}{14}$$

令 $C_0=$buy_computer="yes"，$C_1=$buy_computer="no"，即 $P(C_0)=\frac{9}{14}$，$P(C_1)=\frac{5}{14}$。

$$P(X\mid C_0)=\prod_{i=0}^{3}p(X_i\mid Pa(X_i))$$

$$=P(X_0="0"\mid \text{income}="medium",C_0)\cdot P(X_1="medium"\mid \text{student}$$
$$="yes",C_0)\cdot P(X_2="yes"\mid C_0)\cdot P(X_3="0"\mid \text{age}="0",C_0)$$

在 X_0 的 CPT 中找出 age="0"所在行，以及 income="medium"，buy_computer="yes"所在列的数据，从而有 $P(X_0="0"\mid \text{income}="medium",C_0)=\frac{1}{4}$。

同理可得

$$P(X_1="medium"\mid \text{student}="yes",C_0)=\frac{1}{3},$$

$$P(X_2 = \text{"yes"} \mid C_0) = \frac{2}{3},$$

$$P(X_3 = \text{"0"} \mid \text{age} = \text{"0"}, C_0) = \frac{1}{2}.$$

因而有

$$P(X \mid C_0)P(C_0) = \prod_{i=0}^{3} P(X_i \mid Pa(X_i)) \cdot P(C_0) = \frac{1}{4} \times \frac{1}{3} \times \frac{2}{3} \times \frac{1}{2} \times \frac{9}{14} \approx 0.01786$$

另一方面有

$$P(X_0 = \text{"0"} \mid \text{income} = \text{"medium"}, C_1) = \frac{1}{2},$$

$$P(X_1 = \text{"medium"} \mid \text{student} = \text{"yes"}, C_1) = 0,$$

$$P(X_2 = \text{"yes"} \mid C_1) = \frac{1}{5},$$

$$P(X_3 = \text{"0"} \mid \text{age} = \text{"0"}, C_1) = \frac{2}{3}.$$

因而有

$$P(X \mid C_1)P(C_1) = \prod_{i=0}^{3} P(X_i \mid Pa(X_i)) \cdot P(C_1) = \frac{1}{2} \times 0 \times \frac{1}{5} \times \frac{2}{3} \times \frac{5}{14} = 0$$

因此，对于样本 X，TAN 贝叶斯网络分类器预测 buy_computer＝"yes"。

TAN 贝叶斯网络分类器的特点如下。

(1) 优点。网络结构较为简单，建立网络耗时少，由于它在一定程度上克服了朴素贝叶斯网络分类器网络结构的不合理假设，因此其分类精度较朴素贝叶斯网络分类器的高，且其分类性能是当前所有贝叶斯网络分类器中的佼佼者。由于 TAN 分类器具有优异的分类性能且其网络结构简单，因此 TAN 贝叶斯网络分类器被广泛应用。

(2) 缺点。建立网络结构过程中对网络结构附加的限制使其网络结构仍然不是最合理的。

7.4　无约束贝叶斯网络

无约束贝叶斯网络是指其网络结构没有任何约束。如上所述，学习无约束贝叶斯网络结构时需要引入一个评分函数。目前，两个常见的用于学习贝叶斯网络的评分函数是贝叶斯评分函数以及基于最小描述长度（minimum description length，MDL）的评分函数。这两个评分函数在样本大小增加时是渐近等价的，而且它们都是渐近准确的。下面简单介绍 MDL 函数。

给定训练样本集 $D=\{D_1, D_2, \cdots, D_m\}$，贝叶斯网络 $B=<G, \Theta>$ 在 D 上的 MDL 评分函数为

$$\text{MDL}(B \mid D) = \frac{\lg m}{2} \mid B \mid - \text{LL}(B \mid D),$$

其中，$|B|$ 是贝叶斯网络参数的个数，第一项指网络的长度，第二项是给定数据集下网络的对数似然：

$$LL(B \mid D) = \sum_{i=1}^{m} \lg(P_B(D_i))$$

第 7.1.4 节给出了已知节点数 n 时,计算可能的贝叶斯网络结构的个数的回归函数。由该回归函数可知,当 $n=2$ 时,$f(n)=3$,即此时可能的贝叶斯网络结构的个数是 3;当 $n=3$ 时,$f(n)=25$;当 $n=5$ 时,$f(n)=29281$;当 $n=10$ 时,$f(n)\approx 4.2\times 10^{18}$。由上面的一组数据可知,随着节点数 n 的增加,相应的可能网络结构个数是呈指数级增长的。因此,当节点数 n 较大时,如何有效、快速地在其相应的网络结构空间中找出与训练数据集匹配最好的网络结构是无约束网络结构学习的重点。目前,基于评分函数的启发式搜索是贝叶斯网络结构学习的一种有效方法。这个过程从一个空结构开始,然后应用局部操作尽可能提高评分,直到找到局部最小。

例 7.3　仍采用例 7.1 中的训练数据集以及待分类样本,并设 $X_0=$ age,$X_1=$ income,$X_2=$ student,$X_3=$ credit_rating,$C=$ buy_computer。要求应用无约束贝叶斯网络推理待分类样本的类标号。

由于建立无约束贝叶斯网络的过程的计算量较大,这里应用数据挖掘软件 WEKA 进行结构学习。

无约束贝叶斯网络的建立与分类过程如下。

1) 建立无约束贝叶斯网络的结构

利用 WEKA 得到的无约束贝叶斯网络结构如图 7.9 所示。

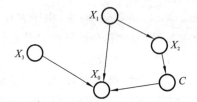

图 7.9　无约束贝叶斯网络结构

2) 建立无约束贝叶斯网络节点的参数

分别建立各节点的 CPT,见表 7.11、表 7.12、表 7.13、表 7.14 和表 7.15。

表 7.11　节点 X_0 的 CPT

	income = "high" credit_rating ="0" buy_computer ="yes"	income ="medium" credit_rating ="0" buy_computer ="yes"	income = "low" credit_rating ="0" buy_computer ="yes"	income = "high" credit_rating ="1" buy_computer ="yes"	income ="medium" credit_rating ="1" buy_computer ="yes"	income = "low" credit_rating ="1" buy_computer ="yes"	income = "high" credit_rating ="0" buy_computer ="no"	income ="medium" credit_rating ="0" buy_computer ="no"	income = "low" credit_rating ="0" buy_computer ="no"	income = "high" credit_rating ="1" buy_computer ="no"	income ="medium" credit_rating ="1" buy_computer ="no"	income = "low" credit_rating ="1" buy_computer ="no"
age= "0"	1	1	$\frac{1}{2}$	*	$\frac{1}{2}$	0	1	1	*	1	0	1

续表

	income="high" credit_rating="0" buy_computer="yes"	income="medium" credit_rating="0" buy_computer="yes"	income="low" credit_rating="0" buy_computer="yes"	income="high" credit_rating="1" buy_computer="yes"	income="medium" credit_rating="1" buy_computer="yes"	income="low" credit_rating="1" buy_computer="yes"	income="high" credit_rating="0" buy_computer="no"	income="medium" credit_rating="0" buy_computer="no"	income="low" credit_rating="0" buy_computer="no"	income="high" credit_rating="1" buy_computer="no"	income="medium" credit_rating="1" buy_computer="no"	income="low" credit_rating="1" buy_computer="no"
age="1"	0	0	0	*	$\frac{1}{2}$	1	0	0	*	0	0	0
age="2"	0	0	$\frac{1}{2}$	*	0	0	0	0	*	0	1	0

表 7.12 节点 X_1 的 CPT

income="high"	income="medium"	income="low"
$\frac{2}{7}$	$\frac{3}{7}$	$\frac{2}{7}$

表 7.13 节点 X_2 的 CPT

	income="high"	income="medium"	income="low"
student="yes"	$\frac{1}{4}$	$\frac{1}{3}$	1
student="no"	$\frac{3}{4}$	$\frac{2}{3}$	0

表 7.14 节点 X_3 的 CPT

credit_rating="0"	credit_rating="1"
$\frac{4}{7}$	$\frac{3}{7}$

表 7.15 节点 C 的 CPT

	student="yes"	student="no"
buy_computer="yes"	$\frac{6}{7}$	$\frac{3}{7}$
buy_computer="no"	$\frac{1}{7}$	$\frac{4}{7}$

3) 无约束贝叶斯网络的推理(分类)

待分类样本为

$X = (\text{age} = \text{“} \leqslant 30\text{”}, \text{income} = \text{“medium”}, \text{student} = \text{“yes”}, \text{credit\_rating} = \text{“fair”})。$

由于 $P(C|X) = \dfrac{P(C, X)}{P(X)}$，分类时只需计算 $P(C_0, X)$ 和 $P(C_1, X)$，即

$$P(C_0, X) = P(C_0 \mid Pa(C_0)) \cdot \prod_{i=0}^{3} P(X_i \mid Pa(X_i))$$

$$= P(X_1)P(X_2 \mid X_1)P(C_0 \mid X_1, X_2)P(X_3 \mid X_1, X_2, C_0)P(X_0 \mid X_1, X_2, C_0, X_3)$$

$$= P(X_1)P(X_2 \mid X_1)P(C_0 \mid X_2)P(X_3)P(X_0 \mid C_0, X_1, X_3)$$

$$= \frac{3}{7} \times \frac{1}{3} \times \frac{6}{7} \times \frac{4}{7} \times 1 \approx 0.06997$$

同理：

$$P(C_1, X) = P(C_1 \mid Pa(C_1)) \cdot \prod_{i=0}^{3} P(X_i \mid Pa(X_i))$$

$$= \frac{1}{7} \times 1 \times \frac{3}{7} \times \frac{1}{3} \times \frac{4}{7} \approx 0.01166$$

因此，对于样本 x，无约束贝叶斯网络分类器预测 buy_computer = "yes"。

无约束贝叶斯网络分类器的特点如下。

(1) 优点。网络结构没有限制，从理论上讲其是最优的贝叶斯网络分类器。

(2) 缺点。通常，由于网络结构空间过大以及当前的评分函数存在不合理性，因此学习建立网络结构的耗时较长，且得不到最优的网络结构。

7.5　利用朴素贝叶斯网络进行垃圾邮件的过滤

随着电子邮箱的使用越来越普遍，垃圾邮件的问题也越来越严重，垃圾邮件过滤成为电子邮箱的重要功能之一。在机器学习中，垃圾邮件过滤属于文本分类问题，朴素贝叶斯算法在解决这类问题上具有良好的表现。

在本节，使用 scikit-learn 库中的朴素贝叶斯模块 sklearn. naive_bayes 实现一个垃圾邮件过滤案例。数据集是 UCI 公开的垃圾邮件数据集 SMSCollection。

数据集共有 5574 条数据，其中垃圾邮件数量为 4827，正常邮件数量为 747。数据集有两个特征，第一个为类别标签，取值为垃圾邮件(spam)或正常邮件(ham)，第二个为邮件内容，部分数据集内容如下：

```
hamGo until jurong point,crazy...Available only in bugis n great world la
e buffet...Cine there got amore wat...
hamOk lar...Joking wif u oni...
spamFree entry in 2 a wkly comp to win FA Cup final tkts 21st May 2005.Text
FA to 87121 to receive entry question (std txt rate) T&C 's apply
08452810075over18's
```

1. 数据预处理

函数 textParse()利用正则表达式筛选邮件内容,将邮件内容中的非单词字符,如标点符号等过滤掉。另外,由于有些英文单词对于分类是没有意义的,比如 a、to 等,将长度小于2 的单词也删除掉。

```
import re                        # 使用正则表达式必需的包
def textParse(bigString):
    regEx= re.compile("\\W* ")   # 正则表达式,将邮件内容中的非单词字符去掉
    listOfTokens= regEx.split(bigString)
    return [tok.lower() for tok in listOfTokens if len(tok)> 2]  # 将长度小
于 2 的单词去掉
```

在数据集中,正常邮件(ham)和邮件内容之间为一个空格,垃圾邮件(spam)和邮件内容之间为一个水平制表位(\t),因此将正常邮件和垃圾邮件按情况分别处理。首先利用Python 的文件读写功能将数据集一行一行地读取为字符串,然后再利用字符串分割函数split()对其进行分割,提取出邮件类别(ham 或 spam)和原始邮件内容,分别存储到两个List 集合中,docList 集合存储原始邮件内容,classList 集合存储邮件类别。

完整的数据集预处理代码如下:

```
def dataPreprocess(filename):                        # 数据预处理
    docList= []                                      # 存储原始邮件内容
    classList= []                                    # 存储邮件类别
    with open(filename,"r",encoding= "UTF- 8") as f:# 读取数据集文件
        for i in range(5574):
            mystr= f.readline()
            if mystr.startswith("ham"):              # 邮件类别为正常邮件
                wordList= textParse(mystr[4:])       # 过滤非单词字符
                docList.append(wordList)   # 将过滤后的邮件内容添加到集合中
                classList.append(0)   # 将邮件类别添加到类别集合中
            else:                                    # 邮件类别为垃圾邮件
                wordList= textParse(mystr.split("\t")[1])
                docList.append(wordList)
                classList.append(1)
    return docList,classList   # 返回处理后的邮件内容和邮件类别
```

处理后的部分 docList 和 classList 集合如下,分别对应前面提到的数据部分内容。

```
docList:
['until','jurong','point','crazy','available','only','bugis','great','
world','buffet','cine','there','got','amore','wat'],
['lar','joking','wif','oni'],
['free','entry','wkly','comp','win','cup','final','tkts','21st','may','
2005','text','87121','receive','entry','question','std','txt','rate','
apply','08452810075over18']
classList:
[ham,ham,spam,… ]
```

2. 创建词汇表

用函数 createVocabList() 创建一个包含邮件中出现的所有单词(且不重复)的列表,即创建词汇表。利用 Python 添加到 set 集合的内容不能重复的原理,提取出所有 docList 集合中不重复的单词,并转换为一个词汇表。

```
def createVocabList(dataSet):
    vocabSet= set([])                         # 创建一个空的 set 集合
    for document in dataSet:
        vocabSet= vocabSet | set(document)    # 合并两个 set 集合
    return list(vocabSet)                      # 返回词汇表
```

由于集合是无序的,所以读者运行后得到的结果中单词的顺序可能和这里的不一样,但是总的词汇表包含的单词是一样的,以下是创建的词汇表的部分内容。

```
['world','lar','wat','87121','text','std','question','apply','there','
joking','point','wkly','comp','may','cup','win','2005','tkts','free','
txt','amore','08452810075over18','final','buffet','until','receive','
only','21st','rate','great','available','jurong','oni','entry','got','
wif','cine','bugis','crazy']
```

3. 创建词向量

函数 bagOfWords2VecMN() 的功能是为每一封邮件创建一个词向量。每个词向量的长度均为词汇表中的单词个数,根据词汇表将邮件内容映射到词向量中。词向量的初值为零向量,依次处理邮件中出现的每个单词,将该单词所对应词向量位置的值加1,一封邮件对应的词向量为词汇表中的单词在该邮件中出现的次数,不出现则为 0。比如词汇表为[today weather name my sunny],邮件内容为[name today name],那么最后返回的词向量为[1 0 2 0 0]。

```
def bagOfWords2VecMN(vocabList,inputSet):
    returnVec= [0]* len(vocabList)               # 创建空的词向量集合
    for word in inputSet:                         # 遍历单封原始邮件内容
        if word in vocabList:    # 判断邮件内容中的单词是否在词汇表当中
            returnVec[vocabList.index(word)]+ = 1  # 将词向量对应的单词数加
1
    return returnVec                             # 返回词向量
```

以下为创建的部分词向量。

```
[[0,1,0,0,0,0,1,1,1,0,0,0,0,1,1,1,1,1,0,0,0,1,0,1,0,0,0,1,0,0,0,0,0,1,0,0,1,
1,0],[0,0,0,0,1,0,0,0,0,1,1,0,0,0,0,0,0,0,0,1,0,0,0,0,0,0,0,0,0,0,0,0,0,0,
0,0,0,0],[1,0,1,1,0,1,0,0,0,0,2,1,0,0,0,0,0,1,0,1,0,1,0,1,1,1,0,1,1,1,1,1,
0,1,1,0,0,1]]
```

4. 创建特征矩阵和类别向量

函数 spamTest() 调用前面步骤中的实现函数 dataPreprocess()、createVocabList() 和 bagOfWords2VecMN(),输入为原始数据文件所在的目录及名称,返回特征矩阵和类别向量,特征矩阵是由所有邮件词向量构成的矩阵,类别向量是所有邮件类别的二进制表示。

```
def spamTest(filename):                    # 得到特征矩阵和类别向量
    dataMat= []                            # 特征矩阵
    # 调用数据预处理函数得到原始邮件内容集合和邮件类别集合
    docList,classList= dataPreprocess(filename)
    vocabList= createVocabList(docList)    # 创建词向量
    for i in range(len(docList)):          # 遍历邮件内容集合
        # 将单个词向量集合添加到特征矩阵
        dataMat.append(bagOfWords2VecMN(vocabList,docList[i]))
    return dataMat,classList               # 返回特征矩阵和类别向量
```

5. 拟合模型进行垃圾邮件过滤

基于上一步得到的特征矩阵和类别矩阵,利用 scikit-learn 中的 MultinomialNB 进行分类。首先需要导入一些必要的包。

```
import numpy as np
from sklearn.model_selection import train_test_split   # 对数据集进行切分
from sklearn.naive_bayes import MultinomialNB
from sklearn.metrics import confusion_matrix   # 用于统计最后的结果
from sklearn.metrics import classification_report
```

拟合、训练模型,并利用模型进行预测,最终的 10 次分类的平均准确率为 98%,代码如下:

```
filename= "SMSSpamCollection"               # 数据集名称
X,Y= spamTest(filename)                     # 得到特征矩阵和类别矩阵
# 将数据集切分成训练集和测试集(80% 为训练集,20% 为测试集)
X_train,X_test,y_train,y_test= train_test_split(X,Y,test_size= 0.2,
random_state= 0)
clf= MultinomialNB()                        # 拟合模型
clf.fit(X_train,y_train)                     # 训练模型
pre= clf.predict(X_test)                    # 预测测试集中特征矩阵所属的类别
print(classification_report(y_test,pre)) # 输出准确率
```

分类结果如下所示:

	precision	recall	f1- score	support
0	0.99	0.98	0.99	950
1	0.90	0.96	0.93	165
avg/total	0.98	0.98	0.98	1115

7.6　scikit-learn 库中的 Naive-Bayes 分类

scikit-learn 库中的 sklearn. naive_bayes 模块实现了朴素贝叶斯分类算法,该模块包括三种常用的朴素贝叶斯模型,分别如下。

(1) MultinomialNB(多项式朴素贝叶斯)模型。数据集所有维度的特征都是离散型随

机变量,主要用于文本分类,垃圾邮件过滤。

(2) GaussianNB(高斯朴素贝叶斯)模型。数据集所有维度的特征都是连续型随机变量,一般用于连续特征的分类,该模型假设特征服从以下高斯分布:

$$P(x_i \mid y) = \frac{1}{\sqrt{2\pi\sigma_y^2}} \exp\left(-\frac{(x_i - \mu_y)^2}{2\sigma_y^2}\right)$$

(3) BernoulliNB(伯努利朴素贝叶斯)模型。伯努利朴素贝叶斯模型类似于多项式朴素贝叶斯模型,其主要区别是它的假设特征都表示为二值化的阈值,该模型也可以用于文本分类。

这里给出 MultinomialNB 模型的参数、属性和方法列表。MultinomialNB 在 scikit-learn 中的实现为:

```
class sklearn.naive_bayes.MultinomialNB(alpha=1.0,fit_prior=True,
class_prior=None)
```

参数列表如表 7.16 所示。

表 7.16　参数列表

参数名	取值或类型	默认值	描　　述
alpha	float	1.0	添加拉普拉斯平滑参数,当 alpha 为 0 时,就是极大似然估计,当 alpha 为 1 时,就是拉普拉斯平滑
fit_prior	boolean	True	表示是否学习先验概率,参数为 False 表示所有类标记具有相同的先验概率
class_prior	array	None	类先验概率

属性介绍如下。

class_log_prior_:各个类标记的平滑先验概率对数值。

intercept:将多项式朴素贝叶斯模型映射为线性模型,其值和 class_log_prior_ 相同。

feature_log_prob_:返回一个数组,包含给定类别中所有特征的经验概率分布的对数值。

coef_:将多项式朴素贝叶斯映射为线性模型,其值和 feature_log_prob_ 相同。

class_count_:训练样本中各个类的样本数量。

feature_count_:各个类别中每个特征的数量。

方法介绍如下。

fit(X,y[,sample_weight]):X 为训练样本特征矩阵,y 为训练样本类别矩阵,该函数的功能是拟合模型,进行朴素贝叶斯分类。

get_params([deep]):返回分类器的参数。

partial_fit(X,y[,classes,sample_weight]):在数据量很大时,数据集太大而不能一次装入内存时,用该方法进行增量式学习。

predict(X):利用拟合好的模型对测试集样本特征矩阵 X 进行分类,返回预测的类别。

predict_log_proba(X):返回测试集样本特征矩阵 X 划分到各个类别的概率对数值。

predict_proba(X):返回测试集样本特征矩阵 X 划分到各个类别的概率值。

score(X,y[,sample_weight]):返回测试样本集预测准确率的平均值。

set_params(**params):设置分类器的参数。

第8章 深度学习

8.1 概　述

8.1.1 深度学习的发展历史

深度学习(deep learning,DL)的思维范式实际上是人工神经网络(artificial neural networks,ANN),该类算法的发展经历了三个不同的阶段。

第一个阶段是 20 世纪 40 年代至 60 年代。最早的神经网络模型是 1943 年的 MCP 人工神经元模型,该模型是输入信号的线性加权、求和、非线性激活(阈值法)。1958 年 Rosenblatt 发明的单层感知机就是基于 MCP 模型的,且能够使用梯度下降法从训练样本中自动学习更新权重。1969 年,人工智能先驱 Minsky 曾撰文批判单层感知机只能解决线性分类问题,连最简单的 XOR(异或)问题都无法准确完成。至此,神经网络的研究陷入了近二十年的"寒冬"。

第二个阶段是 20 世纪 80 年代至 90 年代的连接主义。1986 年,Rumelhar 和 Hinton 等人提出了著名的反向传播(back propagation,BP)算法,解决了由两层神经网络产生的计算复杂的问题,同时有效解决了非线性分类和学习问题。该方法迎来了第二次研究热潮。1989 年,LeCun 发明了卷积神经网络 LeNet,并将其用于数字识别,取得了较好的成绩。此后,ANN 因为过拟合和缺少相应的严格的数学理论支持而再次跌入谷底。

第三个阶段是从 2006 年到现在。2006 年,Geoffery E. Hinton 等提出了一种称为深度置信网络(deep belief network,DBN)的神经网络模型,它可通过逐层预训练的方式有效完成模型训练过程。2011 年,微软首次将 DL 应用在语音识别上,取得了重大突破。2012 年,Hinton 课题组在 ImageNet 计算机视觉大赛上强势夺冠。至此,人工神经网络进入了深度学习时代。深度学习中的"deep"指的是神经网络的层数很深。

8.1.2 神经网络的基本模型

8.1.2.1 神经网络的理论依据

定理 8.1 如果 $f(X)$ 为有界单调递增连续函数,K 为 $\mathbf{R}^n$ 上的紧致子集,$\Phi(x)=\Phi(x_1,\cdots,x_n)$ 为 K 上的实值连续函数,则对任意 $\varepsilon>0$,存在整数 m,实常数 $C_i,\theta_i(i=1,2,\cdots,m)$ 和 $\omega_{ij}(i=1,\cdots,m;j=1,\cdots,n)$,使

$$\overline{f}(x_1,x_2,\cdots,x_n) = \sum_{i=1}^{m}C_i\Phi\left(\sum_{j=1}^{n}\omega_{ij}x_j - \theta_i\right)$$

满足

$$\max \mid \overline{f}(x_1, x_2, \cdots, x_n) - f(x_1, x_2, \cdots, x_n) \mid < \varepsilon$$

由此定理,可以得出下条定理。

定理 8.2 如果 $f(X)$ 为有界单调递增连续函数,K 为 $\mathbf{R}^n$ 上的紧致子集,则对任何连续映像

$$\Phi: X \rightarrow f(X)$$

可由一个三层前馈神经网络模型以任意精度逼近。

8.1.2.2 神经网络的组成

1. 基本神经元

神经网络的基本处理单元为神经元,神经网络是由大量的神经元广泛互连而成的网络,神经元的基本结构如图 8.1 所示。从生物角度讲,神经元由细胞体、树突、轴突三部分构成。细胞体是对信息的加工处理部分,它通过树突获取信息,再将加工的信息由轴突传输出去。这种神经元的基本结构可以使人脑根据对外部信息的加工处理对不同的信息产生不同的反应。

由图 8.1 可知,神经元在树突部分接受了 $x_1, x_2, \cdots, x_n$ 共 n 个信息,经过特定的权重 $\omega_{i1}, \omega_{i2}, \cdots, \omega_{in}$ 的作用后进入到细胞体。作为信息的加工处理部分,细胞体通过作用函数 $f\left(\sum\limits_{j=1}^{n} \omega_{ij} x_j - \theta_i\right)$ 对从树突接收的信息进行处理,最终将信息处理的结果 U_i 通过轴突传输出去。

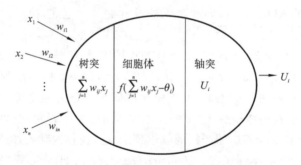

图 8.1 人工神经元模型

神经网络在一定的学习规则下,对提供的学习样本进行学习,从中获取特征信息,并存储(记忆)在相应的权重及参数上。学习后,对于新的输入数据,网络可通过已获取的权重及参数,计算网络的输出。神经网络具有高度的非线性、容错性与自学习、自适应更新等功能,能够进行复杂的逻辑操作和非线性关系实现。

2. 常用的作用函数

神经元对信息有多种处理方式,分别由不同的作用函数来实现信息处理,以下介绍常见的几种作用函数。

(1)线性函数:

$$f(x) = a \cdot x$$

(2)带限的线性函数:

$$f(x) = \begin{cases} r, x \geqslant r \\ x, \mid x \mid < r \\ -r, x \leqslant -r \end{cases}$$

（3）阈值型函数：

$$f(x) = \begin{cases} 1, x \geqslant \theta \\ 0, x < \theta \end{cases}, \quad \theta \text{ 为神经元阈值}$$

（4）符号转移函数：

$$f(x) = \begin{cases} 1, & x \geqslant 0 \\ -1, & x < 0 \end{cases}$$

（5）在 $(0,1)$ 内连续的 Sigmoid 函数：

$$f(x) = \frac{1}{1 + e^{-x}}$$

（6）在 $(-1,1)$ 内连续的 Sigmoid 函数：

$$f(x) = \frac{1 - e^x}{1 + e^x}$$

3. 常见的神经网络结构

神经元是神经网络的基本处理单位，由大量神经元组成的神经网络才能对复杂信息进行处理。神经网络的强大功能与其大规模并行互连、非线性处理以及互连结构的可塑性密切相关。因此必须按一定规则将神经元连接成神经网络，并使各神经元的连接权按一定规则变化。神经网络的类型有很多，按照网络拓扑结构可将神经网络分为层次型结构和互连型结构。

1）层次型结构

层次型结构的神经网络将神经元按功能分成若干层，如输入层、隐层和输出层，且将各层之间顺序相连。输入层各神经元接收来自外界的信息，并传递给隐层各神经元；隐层是神经网络的内部信息处理层，负责信息变换，根据信息变换的要求可以设置多层隐节点层；变换后的信息从隐层传递到输出层，进一步处理后输出层向外界输出信息处理结果。层次型神经网络结构如图 8.2 所示。

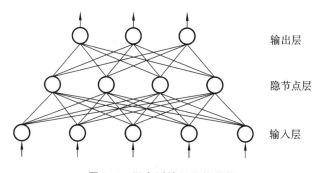

图 8.2 层次型神经网络结构

2）互连型结构

最早的互连型结构是 1982 年由 Hopfield 提出的 Hopfield 神经网络模型。Hopfield 神经网络是一个由非线性元件构成的全互连型单层反馈系统。不同于层次型结构，Hopfield

网络中的每一个神经元既接收外界的输入信息,也向外界输出信息,且网络任意两个节点之间都存在双向的连接路径。图 8.3(a)所示的是一个拥有 5 个神经元的全互连型结构。此后在 Hopfield 神经网络的基础上发展起来的互连型结构还有局部互连型结构(见图 8.3(b))和稀疏互连型结构。

从感知机模型开始,面对着应用领域提出的种种挑战,各种结构更复杂、性能更优的神经网络模型应运而生。其中比较成功的神经网络模型包括 Hopfield 神经网络模型、误差反向传播神经网络模型、RBF 神经网络模型和自组织特征映射神经网络模型等。

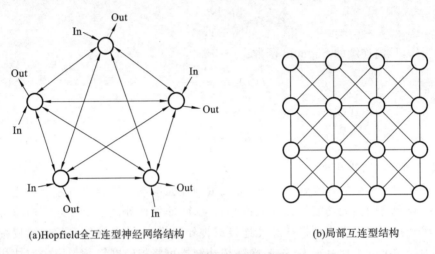

(a)Hopfield全互连型神经网络结构   (b)局部互连型结构

图 8.3 互连型结构示意图

8.2 多层感知机

下面先介绍单层感知机的结构和训练过程,然后介绍多层感知机的结构和基本训练原理。

8.2.1 感知机简介

1958 年,Rosenblatt 提出了一种由两层神经元组成的神经网络——感知机模型,它是首个可以学习的神经网络,在当时引起了轰动。

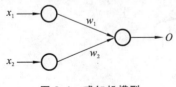

图 8.4 感知机模型

感知机是用于线性可分模式分类的最简单的神经网络模型,它本质上是一个单层神经网络。了解感知机模型的原理,有助于学习其他的神经网络模型。图 8.4 给出的是具有两个输入和一个输出的感知机模型。

设输入的训练样本向量为 $x_k = (x_1^{(k)}, x_2^{(k)}, \cdots, x_n^{(k)})$,对应的输出为 $y^{(k)}$,$k = 1, 2, \cdots, m$,输入到输出层的连接权向量为 $w = (\omega_1, \omega_2, \cdots, \omega_n)$,输出单元的阈值为 θ,则感知机的模型表示为

$$O^{(k)} = f\Big(\sum_{j=1}^{n} \omega_j x_j^{(k)} - \theta\Big), \quad k = 1, 2, \cdots, m \tag{8.1}$$

其中,

$$f(x) = \begin{cases} 1, x \geqslant 0 \\ 0, x < 0 \end{cases} \tag{8.2}$$

感知机按如下流程进行学习。

(1) 初始化。为 $\boldsymbol{w} = (\omega_1, \omega_2, \cdots, \omega_n)$ 和 θ 赋予 $(0,1)$ 之间的随机值。迭代次数 $t = 1$。

(2) 连接权重和阈值的更新。对于每个输入学习样本,对 $(\boldsymbol{x}^{(k)}, y^{(k)})$ 进行如下计算。

(a) 按式(8.1)计算网络输出 $O^{(k)}$;

(b) 计算误差:

$$\delta^{(k)} = y^{(k)} - O^{(k)} \tag{8.3}$$

$$e^{(k)} = |\delta^{(k)}| \tag{8.4}$$

(c) 修正权重和阈值:

$$\omega_i(t+1) = \omega_i(t) + \Delta\omega_i \tag{8.5}$$

$$\Delta\omega_i = \alpha \cdot \delta^{(k)} \cdot x_i^{(k)} \tag{8.6}$$

$$\theta(t+1) = \theta(t) + \Delta\theta \tag{8.7}$$

$$\Delta\theta = \beta \cdot \delta^{(k)} \tag{8.8}$$

总误差为

$$E(t+1) = E(t) + e^{(k)} \tag{8.9}$$

其中, $i = 1, 2, \cdots, n, \alpha$ 和 β 称为学习率 $(0 < \alpha < 1, 0 < \beta < 1)$。

(3) 对 m 个输入的学习样本重复执行步骤(2),直到误差 $e^{(k)} (k = 1, 2, \cdots, m)$ 趋于零或者小于预先设定的误差限 ε。

例 8.1　利用感知机模型模拟两值的逻辑加法。已知学习样本输入为 (x_1, x_2),输出为 y。 x_1, x_2, y 的取值如表 8.1 所列。

表 8.1　模拟数据表

样本号	x_1	x_2	y
1	1	1	1
2	1	0	1
3	0	1	1
4	0	0	0

构造具有两个输入节点、一个输出节点的感知机模型(见图 8.4)。

建立两值的逻辑加法的感知机模型为

$$O^{(k)} = f\Big(\sum_{j=1}^{2} \omega_j x_j^{(k)} - \theta\Big) \tag{8.10}$$

其中,映射函数为

$$f(x) = \begin{cases} 1, x > 0 \\ 0, x \leqslant 0 \end{cases}$$

取阈值 $\theta = 0$,学习率 $\alpha = 1$,初始 $\omega_j(t=1) = 0, j = 1, 2$。

把样本 1、2 作为学习样本,以此获取模型参数(权重),把样本 3、4 作为检验样本,以检验模型的正确性。

感知机模型的学习过程如下。

(1) 对样本 1 进行学习。把 $(x_1^{(1)}, x_2^{(1)}) = (1,1)$ 代入式(8.10),有

$$O^{(1)} = f(\omega_1 \cdot x_1^{(1)} + \omega_2 \cdot x_2^{(1)}) = f(0 \times 1 + 0 \times 1) = f(0) = 0, \delta^{(1)} = Y^{(1)} - O^{(1)} = 1.$$

修正权重,由 $\Delta\omega_j = \alpha \cdot \delta^{(1)} \cdot x_j^{(1)}$,有 $\Delta\omega_1 = \delta^{(1)} \cdot x_1^{(1)} = 1 \times 1 = 1, \Delta\omega_2 = \delta^{(1)} \cdot x_2^{(1)} = 1 \times 1 = 1$。所以

$$\omega_1(t=2) = \omega_1(t=1) + \Delta\omega_1 = 0 + 1 = 1$$
$$\omega_2(t=2) = \omega_2(t=1) + \Delta\omega_2 = 0 + 1 = 1$$

总误差为

$$E(t=2) = E(t=1) + e^{(1)} = 0 + |\delta^{(1)}| = 1$$

(2) 对样本 2 进行学习。同样地,把 $(x_1^{(2)}, x_2^{(2)}) = (1,0)$ 代入式(8.10),有

$$O^{(2)} = f(1 \times 1 + 1 \times 0) = f(1) = 1, \quad \delta^{(2)} = Y^{(2)} - O^{(2)} = 0$$

修正权重,$\Delta\omega_1 = \delta^{(2)} \cdot x_2^{(1)} = 0 \times 1 = 0, \Delta\omega_2 = \delta^{(2)} \cdot x_2^{(2)} = 0 \times 0 = 0$

$$\omega_1(t=2) = \omega_1(t=2) + \Delta\omega_1 = 1 + 0 = 1$$
$$\omega_2(t=2) = \omega_2(t=2) + \Delta\omega_2 = 1 + 0 = 1$$

总误差为

$$E(t=2) = E(t=2) + e^{(2)} = 1 + |\delta^{(2)}| = 1$$

(3) 对样本 1、2 进行学习后,获取到权重 $\omega_1 = 1, \omega_2 = 1$,下面直接对样本 3、4 进行检验。

样本 3:$(x_1^{(3)}, x_2^{(3)}) = (0,1), O^{(3)} = f(1 \times 0 + 1 \times 1) = f(1) = 1 = y^{(3)}$,判断正确。

样本 4:$(x_1^{(4)}, x_2^{(4)}) = (0,0), O^{(4)} = f(1 \times 0 + 1 \times 0) = f(0) = 0 = y^{(4)}$,判断正确。

检验结果表明,$\omega_1 = 1, \omega_2 = 1$ 是使计算结果与样本的评价结果误差最小的权重。将 $\omega_1 = 1, \omega_2 = 1$ 代入式(8.10),则模型建立完毕。可以利用这个建立好的模型,对任一组输入 (x_1, x_2) 计算其评价结果。

由于感知机模型结构具有线性特点,因此感知机模型只能识别线性样本,不能识别非线性样本。非线性样本是指空间中的一组两类样本,不能用一个超平面将其分开。对于例8.1中的样本,若把样本 1 的 $y^{(1)} = 1$ 改为 $y^{(1)} = 0$,如表 8.2 所示,则线性样本变为了非线性样本,一般将该问题称为 XOR(异或)问题。

表 8.2   XOR 数据表

样本号	x_1	x_2	y
1	1	1	0
2	1	0	1
3	0	1	1
4	0	0	0

假设感知机模型对上述 4 个样本都进行学习,学习后获得的权重为 $\omega_1 = 0, \omega_2 = 0$。检验第 2 个样本:$x_1 = 1, x_2 = 0, O^{(2)} = f(0 \times 1 + 0 \times 0) = f(0) = 0$,但 $y^{(2)} = 1$,即模型输出 $O^{(2)}$ 与期望结果 $y^{(2)}$ 有较大误差。因此,感知机模型对非线性样本具有较低的识别能力。

8.2.2　多层感知机简介

多层感知机的基本特征为：①网络中的每个神经元包含一个可微的非线性激活函数；②网络中包含一个或多个隐藏在输入和输出神经节点之间的层；③网络展示出高度的连续性，其强度是由网络的突触权重决定的。图 8.5 所示的为一个具有一个隐层的多层感知机结构。

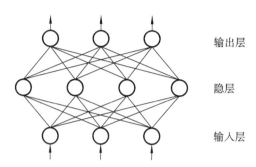

图 8.5　具有一个隐层的多层感知机结构

隐层的使用使得学习过程变得更困难。目前训练多层感知机的一个流行方法是反向传播（BP）算法。因此接下来以 BP 神经网络为例介绍多层感知机。

BP 神经网络是一种具有三层或三层以上的前馈型、按梯度算法使期望输出与实际输出的误差沿反向传播来修正各连接权的神经网络模型。其上下层之间的各神经元全连接，即下层的每一个单元与上层的每个单元都有连接，而每层各神经元之间无连接。网络按有监督的方式进行学习。当一对学习模式提供给网络后，神经元的激活值从输入层经各中间层向输出层传播，在输出层的各神经元获得网络的输入响应，并按减少期望输出与实际输出偏差的方向，从输出层经各中间层逐层修正各连接权，最后回到输入层。随着这种误差反向传播修正的不断进行，网络对输入模式响应的正确率不断提高。

BP 模型具有以下特点。

（1）具有多层网络结构。

神经网络具有三层或以上的节点层，其中包括了一个输入层、一个输出层和至少一个中间层（隐层），输入层有多个输入节点，输出层有一个或多个输出节点，隐节点的个数待定。

（2）具有大脑神经思维的作用。

BP 模型的作用函数为 Sigmoid 函数 $f(x) = \dfrac{1}{1+e^{-x}}$，其在 $x=0$ 附近响应敏感，即对应 $f(x)$ 变化明显，当 $|x| > c$，c 是某个常数时，$f(x)$ 变化不敏感。

1. BP 神经网络的基本原理

给定训练样本 $\{(x_1^{(k)}, x_2^{(k)}, \cdots, x_n^{(k)}, y_1^{(k)}, y_2^{(k)}, \cdots, y_q^{(k)}) \mid k=1,2,\cdots,m\}$，要建立映射关系：

$$(x_1, x_2, \cdots, x_n) \xrightarrow{F} (y_1, y_2, \cdots, y_q)$$

采用如图 8.5 所示的三层前馈网络结构，它有 n 个输入神经元，q 个输出神经元，l 个隐层神经元。记隐层第 i 个神经元接收到的输入为 $\alpha_i = \sum\limits_{j=1}^{n} \omega_{ij} x_j$，输出层第 h 个神经元接收到

的输入为 $\beta_h = \sum\limits_{i=1}^{l} \nu_{hi} b_i$，其中 b_i 为隐层第 i 个神经元的输出。设隐层和输出层神经元都采用 Sigmoid 函数。

隐层第 i 个神经元的输出为

$$b_i = f\left(\sum_{j=1}^{n} \omega_{ij} x_j - \theta_i\right) = f(\alpha_i - \theta_i), \quad i=1,2,\cdots,l \tag{8.11}$$

输出层第 h 个神经元的输出为

$$O_h = f\left(\sum_{i=1}^{l} \nu_{hi} b_i - r_h\right) = f(\beta_h - r_h), \quad h=1,2,\cdots,q \tag{8.12}$$

其中，ω_{ij}、ν_{hi}、θ_i、r_h 是待定模型参数；$f(x)=\dfrac{1}{1+e^{-x}}, x\in(-\infty,+\infty)$；$j=1,2,\cdots,n$；$i=1,2,\cdots,l$；$h=1,2,\cdots,q$。

对第 k 个样本的误差计算公式为

$$E_k = \frac{1}{2}\sum_{j=1}^{q}(y_j^{(k)} - O_j^{(k)})^2 \tag{8.13}$$

其中，$y_j^{(k)}, O_j^{(k)}$ 分别是该样本的第 j 个期望输出与第 j 个计算输出。

1）权重的修正

BP 网络的权重更新思想，是在输入正向前馈传递得到的输出结果 O_h 的情况下，对 O_h 与期望结果 y_h 进行更新比较，以 O_h 与 y_h 误差形成的误差函数反向传递来修正各层权重，目标是使误差函数随着时间的变化沿下降最快的方向，即目标的负梯度方向，对参数进行调整，有

$$\nu_{hi}(t+1) = \nu_{hi}(t) + \Delta\nu_{hi}, \quad \omega_{ij}(t+1) = \omega_{ij}(t) + \Delta\omega_{ij} \tag{8.14}$$

$$\Delta\nu_{hi} = -\alpha\frac{\partial E_k}{\partial \nu_{hi}}, \quad \Delta\omega_{ij} = -\beta\frac{\partial E_k}{\partial \omega_{ij}} \tag{8.15}$$

其中，α 和 β 是学习率。关键是要求出 $\Delta\nu_{hi}, \Delta\omega_{ij}$。

2）权重 ν_{hi} 的修正公式推导

根据链式求导法则，有

$$\frac{\partial E_k}{\partial \nu_{hi}} = \frac{\partial E_k}{\partial O_h^{(k)}}\frac{\partial O_h^{(k)}}{\partial \beta_h}\frac{\partial \beta_h}{\partial \nu_{hi}} \tag{8.16}$$

根据式（8.13），有

$$\frac{\partial E_k}{\partial O_h^{(k)}} = -(y_h^{(k)} - O_h^{(k)}) \tag{8.17}$$

而 Sigmoid 函数有性质

$$f'(x) = f(x)(1-f(x))$$

因此有

$$\begin{aligned}\frac{\partial O_h^{(k)}}{\partial \beta_h} &= f'(\beta_h - r_h) \\ &= f(\beta_h - r_h)(1-f(\beta_h - r_h)) \\ &= O_h^{(k)}(1-O_h^{(k)})\end{aligned} \tag{8.18}$$

于是由式（8.17）和式（8.18），有

$$h_h = -\frac{\partial E_k}{\partial O_h^{(k)}}\frac{\partial O_h^{(k)}}{\partial \beta_h} = (y_h^{(k)} - O_h^{(k)})O_h^{(k)}(1 - O_h^{(k)}) \tag{8.19}$$

根据 β_h 的表达式,有

$$\frac{\partial \beta_h}{\partial \nu_{hi}} = b_i \tag{8.20}$$

于是根据式(8.19)和式(8.20),可得到 $\Delta \nu_{hi}$ 的更新公式

$$\Delta \nu_{hi} = \alpha h_h b_i \tag{8.21}$$

类似可得

$$\Delta r_h = -\alpha h_h \tag{8.22}$$

3)权重 ω_{ij} 的修正公式推导

同理,也要求误差函数随时间变化递减,并沿 ω_{ij} 变化率最大的方向递减,此时隐层节点误差依赖于输出层误差的传递。可设

$$\Delta \omega_{ij} = -\beta \frac{\partial E_k}{\partial \omega_{ij}} = -\beta \left(\frac{\partial E_k}{\partial b_i}\frac{\partial b_i}{\partial \alpha_i}\frac{\partial \alpha_i}{\partial \omega_{ij}}\right) \tag{8.23}$$

这里

① $\dfrac{\partial E_k}{\partial b_i} = \sum_{h=1}^{q}\dfrac{\partial E_k}{\partial \beta_h}\dfrac{\partial \beta_h}{\partial b_i} = -\sum_{h=1}^{q}(y_h^{(k)} - O_h^{(k)})O_h^{(k)}(1 - O_h^{(k)})\nu_{hi} = -\sum_{h=1}^{q}h_h\nu_{hi}$;

② $\dfrac{\partial b_i}{\partial \alpha_i} = f'(\alpha_i - \theta_i) = f(\alpha_i - \theta_i)(1 - f(\alpha_i - \theta_i)) = b_i(1 - b_i)$;

③ $\dfrac{\partial \alpha_i}{\partial \omega_{ij}} = x_j$。

综合有

$$\begin{aligned}
\Delta \omega_{ij} &= -\beta \frac{\partial E_k}{\partial \omega_{ij}} \\
&= -\beta\left(-\sum_{h=1}^{q}h_h\nu_{hi}\right)(b_i(1 - b_i))x_j \\
&= \beta e_i x_j
\end{aligned} \tag{8.24}$$

其中

$$e_i = \sum_{h=1}^{q}h_h\nu_{hi}b_i(1 - b_i) \tag{8.25}$$

类似可得

$$\Delta \theta_i = -\beta e_i \tag{8.26}$$

2. BP 神经网络学习算法

(1)初始化。给各连接权 ω_{ij}、ν_{hi} 及阈值 θ_i、r_i 赋予(0,1)间的随机值,学习率 α 和 β。

(2)随机在样本集中选取一个训练样本,即将 $(x_1^{(k)}, x_2^{(k)}, \cdots, x_n^{(k)}, y_1^{(k)}, y_2^{(k)}, \cdots, y_q^{(k)})$ 提供给 BP 网络。

(3)根据式(8.11)计算

$$b_i = f\left(\sum_{j=1}^{n}\omega_{ij}x_j^{(k)} - \theta_i\right), \quad i = 1,2,\cdots,l$$

其中,$x_j^{(k)}$ 表示第 k 个训练样本的第 j 个输入节点值。

（4）根据式（8.12）计算

$$O_h^{(k)} = f\Big(\sum_{i=1}^{l} \nu_{hi} b_i - r_h\Big), \quad h = 1, 2, \cdots, q$$

（5）根据式（8.19）计算

$$h_h = -\frac{\partial E_k}{\partial O_h^{(k)}} \frac{\partial O_h^{(k)}}{\partial \beta_h} = (y_h^{(k)} - O_h^{(k)}) O_h^{(k)} (1 - O_h^{(k)}), \quad h = 1, 2, \cdots, q$$

其中，$y_h^{(k)}$ 表示第 k 个训练样本的第 h 个期望输出节点值。

（6）根据式（8.21）和式（8.22）更新权重 ν_{hi} 和阈值 r_h：

$$\nu_{hi}(t+1) = \nu_{hi}(t) + \alpha h_h b_i, \quad i = 1, 2, \cdots, l, \quad h = 1, 2, \cdots, q$$

$$r_h(t+1) = r_h(t) - \alpha h_h, \quad h = 1, 2, \cdots, q$$

其中，$h_h = (y_h^{(k)} - O_h^{(k)}) O_h^{(k)} (1 - O_h^{(k)})$。

（7）根据式（8.24）和式（8.26）更新权重 ω_{ij} 和阈值 θ_i：

$$\omega_{ij}(t+1) = \omega_{ij}(t) + \beta e_i x_j, \quad i = 1, 2, \cdots, l, \quad j = 1, 2, \cdots, n$$

$$\theta_i(t+1) = \theta_i(t) - \beta e_i, \quad i = 1, 2, \cdots, q$$

其中，$e_i = \sum_{h=1}^{q} h_h \nu_{hi} b_i (1 - b_i)$。

（8）随机在样本集中选取下一模式对提供给网络，返回到步骤（3），直至 m 个样本训练完毕。

（9）计算全局误差为

$$E = \sum_{k=1}^{m} E_k \,(m \text{ 为样本数})$$

（10）判断网络全局误差函数 E 是否小于预先设定的值，如果是，结束学习；如果不是，继续迭代，返回到步骤（3）。如果随着迭代次数的增加，网络全局误差函数 E 不减少或减少的速度非常慢，则意味着 E 难以收敛，此时应适当采用过滤样本（剔除单项误差较大的样本）或调节网络参数（改变 $r_i, \theta_h, \alpha, \beta$ 的取值）的方法，促使 E 收敛。

3. BP 神经网络的优缺点

BP 神经网络具有如下优点。

（1）非线性映射能力：由定理 8.1 和定理 8.2 可知，三层的前馈神经网络就能够以任意精度逼近任何非线性连续函数，即 BP 神经网络具有较强的非线性映射能力。

（2）自学习和自适应能力：BP 神经网络在训练时，能够通过学习自动提取、输出数据间的"合理规则"，并自适应地将学习内容记忆于网络的权重中，即 BP 神经网络具有高度自学习和自适应的能力。

（3）泛化能力：BP 神经网络具有将学习成果应用于新知识的能力。

（4）容错能力：BP 神经网络在其局部或部分神经元受到破坏时还可以正常工作，具有一定的容错能力。

BP 神经网络也存在如下不足。

（1）局部极小化问题：BP 神经网络的权重是通过沿局部改善的方向逐渐进行调整的，这样会使算法陷入局部极值，加上 BP 神经网络对初始网络的权重非常敏感，以不同的权重初始化网络，往往会收敛于不同的局部极小。

（2）收敛速度慢：BP 神经网络采用梯度下降法寻优，当优化的目标函数非常复杂，或者神经元输出接近 0 或 1 时，BP 算法非常低效。

（3）网络结构选择不一：BP 神经网络结构的选择至今尚无一种统一而完整的理论指导，一般只能凭经验选定，而网络的结构直接影响网络的逼近能力及泛化能力。

8.3　卷积神经网络

卷积神经网络（convolutional neural network，CNN）结构是一种常见的深度神经网络模型，其采用了局部感知和共享权重的网络结构方式，能够有效地减少权重参数的数量以及降低网络模型过拟合的风险。CNN 最大的优势在于特征提取上，它可以直接将图像作为网络的输入，并有效地提取与任务相关的图像特征，避免了传统算法中复杂的特征提取。1989年，LeCun 等人发表了论文，首次将 CNN 结构应用于手写数字识别问题上，并在该研究领域取得了领先的成果。CNN 在图像分析问题上具有明显的优势，其在语音识别、自然语言处理等领域也取得了很多显著的成果。接下来，分别对 CNN 的基本网络结构、训练算法以及经典的 CNN 结构——AlexNet 网络结构进行介绍。

8.3.1　基本网络结构

从整体架构上看，CNN 是一种多层的有监督学习神经网络模型，其基本网络结构包括卷积层和池化层。

卷积层作为 CNN 网络结构的核心，其主要特点是局部连接和参数共享。卷积层的神经元只和上一网络层的一个局部区域相连接，通过卷积计算得到特征图输出。卷积计算实例如图 8.6 所示。

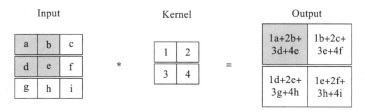

图 8.6　卷积计算实例

池化层通常包括平均池化和最大池化，用于对输入的特征图进行压缩，其作用是提取主要特征和简化模型计算复杂度。池化计算实例如图 8.7 所示。

相关术语介绍如下。

（1）卷积核。在 CNN 中，卷积的意思是指与某个神经元节点 K 相连接的上一层中，每个神经元的输出值与对应权重系数的乘积之和，也就是神经元节点 K 的输入值。卷积核也叫滤波器，它指的是定义权重系数的函数，可以计算出输入的权重，用来提取图像的特征。而局部图像的卷积核也能被运用到图像其他部分的筛选中去，将卷积核进行移动，得到图像其他局部区域在该卷积核约束下的乘积之和，产生新的像素特征图区域。使用多个卷积核能得到图像的多个特征，从而将图像抽象特征刻画得更加充分。

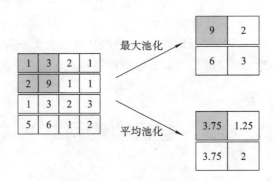

图 8.7　池化计算实例

（2）特征图。在卷积神经网络中,在相同卷积核下的神经元在输入图像的不同区域中提取出同一类别的特征。这些有着同样滤波器的,并被排列成二维形状的神经元就组成了一个特征图。从计算上看,特征图是对图像的局部区域进行卷积计算,加入偏置后再用非线性函数进行运算。由于需要多个卷积核才能获取图像更多的特征,所以一个特征图对应一个卷积核,神经元的层次与特征图个数存在一对多的关系,特征图和神经元个数也是一对多的关系,特征图和卷积核是一对一的关系,同一特征图中采用的卷积核是相同的。

（3）最大池化。当图像像素点较多、特征维度较高时,可以对图像局部区域的特征分别进行聚集计算,降低特征维度和过拟合的概率。在研究中,被频繁使用的池化主要有两种,一种是平均池化,就是取特征的平均值;另一种是最大池化,就是筛选出特征中的最大值。平均池化和最大池化的优势是不同的,平均池化能够提取出图像局部特征区域的整体特征,提炼局部特征区域的背景;而最大池化则可以提取出图像的边缘纹路,放大不同特征区域的内容差异,但可能会引起图像的过度失真。在卷积神经网络中,经常需要进行的是最大池化,它也作为卷积神经网络结构中的一层存在。卷积神经网络中选择用图像中不重叠的相连区域进行池化,这样不仅有减少计算量的优点,并且具备了位移不变的特性,即使图像被移动了一定的距离,局部区域的特征最大值也不会被改变。

8.3.2　反向传播训练算法

通过上述基本网络结构,可以构造相应的 CNN 网络,接着对 CNN 网络进行训练求解。CNN 网络训练过程主要涉及网络的前向传播和反向传播计算,前向传播用于特征信息的前向传递,而反向传播则用于反向修正模型的权重参数。为了简化算法公式的复杂度,下面所提到的运算都只涉及单个卷积核,并且假设所有的特征图输出都为矩阵形式。

1. 前向传播

卷积层的前向传播计算公式为

$$a^l = \sigma(z^l) = \sigma(a^{l-1} * W^l + b^l) \tag{8.27}$$

其中,l 表示当前层;a^l 表示当前层输出的特征图;W^l 和 b^l 分别表示卷积核参数和偏置;$*$ 表示卷积操作;σ 表示激活函数。

池化层的前向传播计算公式为

$$a^l = \mathrm{down}(a^{l-1}) \tag{8.28}$$

其中,down 为下采样函数,用于对上一层特征图中不同的区域进行池化操作(平均池化或最大池化),也即池化层的每一个节点是上一层特征图对应区域的平均值或最大值。

2. 反向传播

实际上,在神经网络中进行反向梯度传播时,一般需要计算出每一层的误差 $\boldsymbol{\delta}^l$(实际上为损失函数对节点的偏导数 $\frac{\partial L}{\partial \boldsymbol{z}^l}$),然后就可以根据链式求导法则,利用误差 $\boldsymbol{\delta}^l$ 计算出各个参数的梯度。在卷积神经网络中也不例外,这里假设已经得到当前层的误差 $\boldsymbol{\delta}^l$,并阐述如何得到上一层的误差 $\boldsymbol{\delta}^{l-1}$。

当前层为卷积层时,反向传播计算公式为

$$\boldsymbol{\delta}^{l-1} = \boldsymbol{\delta}^l * \mathrm{rot}180(\boldsymbol{W}^l) \odot \sigma'(\boldsymbol{z}^{l-1}) \tag{8.29}$$

其中,rot180 表示翻转 180 度;$\odot$ 表示点乘运算;为了符合梯度计算,该计算过程需要先对 $\boldsymbol{\delta}^l$ 的边缘进行补 0 操作。

当前层为池化层时,反向传播计算公式为

$$\boldsymbol{\delta}^{l-1} = \mathrm{up}(\boldsymbol{\delta}^l) \odot \sigma'(\boldsymbol{z}^{l-1}) \tag{8.30}$$

其中,up 为上采样函数,能把 $\boldsymbol{\delta}^l$ 的矩阵还原成池化前的大小,若当前层是最大池化层,则把各误差放置在前向传播时得到最大值的位置,其余为 0;若当前层是平均池化层,则把各误差取平均后放置在还原后的相应池化区域。

利用前向传播构建好损失函数 L 和计算出输出层的误差 $\boldsymbol{\delta}^L$ 后,即可利用上述的反向传播计算公式计算得到每一层的误差 $\boldsymbol{\delta}^l$。接下来就可以利用 $\boldsymbol{\delta}^l$ 计算得到 $\boldsymbol{W}^l$ 和 b^l 的梯度:

$$\frac{\partial L}{\partial \boldsymbol{W}^l} = \boldsymbol{a}^{l-1} * \boldsymbol{\delta}^l \tag{8.31}$$

$$\frac{\partial L}{\partial b^l} = \sum_{\mu,\nu} (\boldsymbol{\delta}^l)_{\mu,\nu} \tag{8.32}$$

其中,μ,ν 为矩阵中元素的坐标。

得到各参数的梯度值后,利用梯度下降算法,反复迭代更新 CNN 网络的参数,直到损失函数收敛或达到设定阈值,结束 CNN 的训练。

8.3.3 AlexNet 网络结构

2012 年,Krizhevsky 等人提出了 AlexNet 网络结构,AlexNet 网络结构让更多人认识到 CNN 在图像处理上所具有的优势。

如图 8.8 所示,AlexNet 网络模型主要包含五个卷积层,三个池化层,三个全连接层。

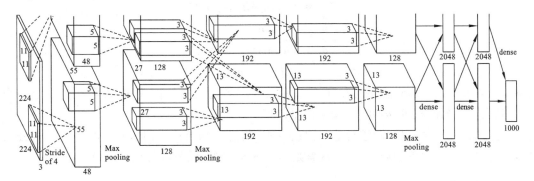

图 8.8 AlexNet 网络结构图

8.4　循环神经网络

传统的神经网络模型一般无法处理有关序列数据的问题,例如,自然语言处理中预测句子的下一个单词的问题。时间递归神经网络,又名循环神经网络(recurrent neural network, RNN)的设计初衷正是为了解决序列数据问题,其被广泛地应用于语音识别,文本翻译,视频描述等问题。如图 8.9 所示,RNN 网络结构中当前时刻的输出不仅和当前的输入有关,还与过去时刻的输入有关,因此可以将 RNN 网络看作是具有记忆能力的网络结构,它能够记忆已经学习过的信息。这是 RNN 网络能够处理序列数据问题的关键原因。理论上,RNN 可以处理任意长度的序列数据,但实际应用中 RNN 只能够记忆几个时刻的信息。

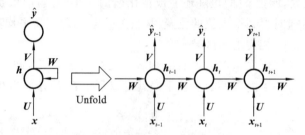

图 8.9　RNN 网络结构图

接下来对 RNN 的基本网络结构、训练算法以及特殊的 RNN 结构——LSTM 网络结构进行介绍。

8.4.1　基本网络结构

RNN 的基本网络结构如图 8.9 所示,具有输入层,隐层以及输出层。对标准 RNN 网络结构的定义如下,设 RNN 的输入向量序列为 $x=(x_1,\cdots,x_T)$,隐层的输出向量序列为 $h=(h_1,\cdots,h_T)$,输出层的输出向量序列为 $\hat{y}=(\hat{y}_1,\cdots,\hat{y}_T)$,期望的输出向量序列为 $y=(y_1,\cdots,y_T)$,则 RNN 在 t 时刻的计算公式为

$$\begin{cases} a_t = Ux_t + Wh_{t-1} + b \\ h_t = \tanh(a_t) \\ o_t = Vh_t + c \\ \hat{y}_t = \text{softmax}(o_t) \end{cases} \tag{8.33}$$

其中,U 表示从输入层到隐层的权重;V 表示从隐层到输出层的权重;W 表示从隐层上一个时刻到当前时刻的权重;b 和 c 为偏置向量。

通过式(8.33)可以不断进行迭代,将上一时刻隐层和当前时刻输入层的向量代入公式中,从而得到当前时刻的输出向量,这就是为何 RNN 网络结构能够记忆的原理。

8.4.2　反向传播训练算法

相较于一般的神经网络结构,RNN 网络模型的训练求解的计算量较大。与基本的 BP

算法原理相同,RNN 网络模型采用 BPTT(back propagation through time)算法,其训练过程主要包括以下两个步骤。

(1) 利用前向传播方法,计算每个时刻网络结构中每个神经元的输出。

(2) 利用反向传播方法,计算每个时刻网络结构中每个神经元的误差项,并计算网络结构中每个参数的梯度,根据梯度下降算法更新网络参数值。

步骤(1)中,RNN 网络训练过程中的前向计算如式(8.33)所示。为了计算总的损失函数值,定义 $L(\boldsymbol{y},\hat{\boldsymbol{y}})$ 为每个时刻损失函数(一般为交叉熵损失函数)的累加,计算公式如下:

$$L(\boldsymbol{y},\hat{\boldsymbol{y}}) = \sum_t L_t(\boldsymbol{y}_t,\hat{\boldsymbol{y}}_t) \tag{8.34}$$

其中,$\boldsymbol{y}_t$ 为样本在 t 时刻的期望输出;$\hat{\boldsymbol{y}}_t$ 为样本在 t 时刻的实际输出。

步骤(2)中,与 BP 算法类似,BPTT 算法主要在于利用反向传播方法计算 $\frac{\partial L}{\partial \boldsymbol{U}}$,$\frac{\partial L}{\partial \boldsymbol{W}}$,$\frac{\partial L}{\partial \boldsymbol{V}}$。

因此,根据复杂矩阵函数的求导法则,可以推导得到权重 $\boldsymbol{V}$ 的梯度计算公式为

$$\frac{\partial L}{\partial \boldsymbol{V}} = \sum_t \frac{\partial L_t}{\partial \boldsymbol{o}_t} \frac{\partial \boldsymbol{o}_t}{\partial \boldsymbol{V}} = \sum_t (\hat{\boldsymbol{y}}_t - \boldsymbol{y}_t)\boldsymbol{h}_t^{\mathrm{T}} \tag{8.35}$$

同理,可以得到权重 $\boldsymbol{W}$、$\boldsymbol{U}$ 以及偏置向量 $\boldsymbol{b}$、$\boldsymbol{c}$ 的梯度计算公式为

$$\begin{cases} \dfrac{\partial L}{\partial \boldsymbol{h}_t} = \boldsymbol{W}^{\mathrm{T}}\left(\dfrac{\partial L}{\partial \boldsymbol{h}_{t+1}}\right)\mathrm{diag}(1-(\boldsymbol{h}_{t+1})^2) + \boldsymbol{V}^{\mathrm{T}}\left(\dfrac{\partial L}{\partial \boldsymbol{o}_t}\right) \\ \dfrac{\partial L}{\partial \boldsymbol{W}} = \sum_t \mathrm{diag}(1-(\boldsymbol{h}_t)^2)\left(\dfrac{\partial L}{\partial \boldsymbol{h}_t}\right)\boldsymbol{h}_{t-1}^{\mathrm{T}} \end{cases} \tag{8.36}$$

$$\frac{\partial L}{\partial \boldsymbol{U}} = \sum_t \mathrm{diag}(1-(\boldsymbol{h}_t)^2)\left(\frac{\partial L}{\partial \boldsymbol{h}_t}\right)\boldsymbol{x}_t^{\mathrm{T}} \tag{8.37}$$

$$\frac{\partial L}{\partial \boldsymbol{b}} = \sum_t \mathrm{diag}(1-(\boldsymbol{h}_t)^2)\frac{\partial L}{\partial \boldsymbol{h}_t} \tag{8.38}$$

$$\frac{\partial L}{\partial \boldsymbol{c}} = \sum_t (\hat{\boldsymbol{y}}_t - \boldsymbol{y}_t) \tag{8.39}$$

其中,$\mathrm{diag}(1-(\boldsymbol{h}_{t+1})^2)$ 表示包含向量 $1-(\boldsymbol{h}_{t+1})^2$ 的元素的对角矩阵。

计算得到权重 $\boldsymbol{W}$、$\boldsymbol{U}$、$\boldsymbol{V}$ 以及偏置向量 $\boldsymbol{b}$、$\boldsymbol{c}$ 的梯度值后,利用梯度下降算法,反复迭代更新 RNN 网络的参数,直到损失函数收敛或达到设定阈值,结束 RNN 的训练。

8.4.3　LSTM 网络结构

标准 RNN 网络的训练过程中存在梯度消失或者梯度爆炸的问题,同时,由于采用 BPTT 算法,在反向传播过程中容易造成信息丢失,使得 RNN 网络无法实现长时间的记忆。因此,国内外的很多相关研究在原先的基础上提出了更好的 RNN 网络结构,例如双向 RNN、GRU(gated recurrent units)和 LSTM(long short-term memory)等。与标准 RNN 网络相比,LSTM 网络采用了不同的记忆单元来存储和输出信息,有利于发现更长范围的时序信息。

LSTM 网络模型是一种特殊的 RNN 网络结构,相比标准 RNN 网络,它可以更好地存储和学习序列信息。LSTM 由包含特殊门结构的记忆单元组成,其关键设计在于元胞状态。LSTM 的元胞状态结构通过门结构实现对传输信息的控制。元胞状态中包括三种门结构,分别是遗忘门(forget gate)、输入门(input gate)和输出门(output gate)。遗忘门的作用在

于决定从元胞状态中丢弃哪些信息。输入门的作用在于将哪些新的信息存储到元胞状态中。输出门的作用在于决定输出元胞状态中的哪些信息。根据元胞状态的门结构原理，LSTM 网络结构所涉及的前向传播计算公式如下：

$$
\begin{cases}
\boldsymbol{f}_t = \sigma(\boldsymbol{W}_f[\boldsymbol{h}_{t-1}, \boldsymbol{x}_t] + \boldsymbol{b}_f) \\
\boldsymbol{i}_t = \sigma(\boldsymbol{W}_i[\boldsymbol{h}_{t-1}, \boldsymbol{x}_t] + \boldsymbol{b}_i) \\
\boldsymbol{o}_t = \sigma(\boldsymbol{W}_o[\boldsymbol{h}_{t-1}, \boldsymbol{x}_t] + \boldsymbol{b}_o) \\
\tilde{\boldsymbol{C}}_t = \tanh(\boldsymbol{W}_C[\boldsymbol{h}_{t-1}, \boldsymbol{x}_t] + \boldsymbol{b}_C) \\
\boldsymbol{C}_t = \boldsymbol{f}_t \odot \boldsymbol{C}_{t-1} + \boldsymbol{i}_t \odot \tilde{\boldsymbol{C}}_t \\
\boldsymbol{h}_t = \boldsymbol{o}_t \odot \tanh(\boldsymbol{C}_t)
\end{cases}
\tag{8.40}
$$

其中，$\boldsymbol{x}_t$ 为样本在 t 时刻的输入向量；$\boldsymbol{h}_t$ 为样本在 t 时刻输出的隐层向量；σ 为 sigmoid 激活函数；$\odot$ 表示点乘运算；$\boldsymbol{f}$、$\boldsymbol{i}$、$\boldsymbol{O}$ 分别表示元胞状态中的遗忘门、输入门、输出门；$\boldsymbol{C}$ 为元胞状态向量；$\boldsymbol{W}$ 表示权重（例如，$\boldsymbol{W}_f$ 表示遗忘门的权重）；$\boldsymbol{b}$ 表示偏置（例如，$\boldsymbol{b}_f$ 表示遗忘门的偏置）。

LSTM 网络的训练过程的原理与标准 RNN 网络的基本一致，具体过程参考上述 RNN 网络的训练算法。

8.5 构建卷积神经网络模型对 CIFAR 图片数据集分类

本节利用 TensorFlow 构建一个卷积神经网络，对 CIFAR 数据集中的图片进行分类。数据集中的图片分为 10 个类别，分别为飞机、汽车、鸟、猫等，部分图片如图 8.10 所示。一张图片中不会出现两种或两种以上类别的物体，数据集共包含 60000 张 32×32 的彩色图片

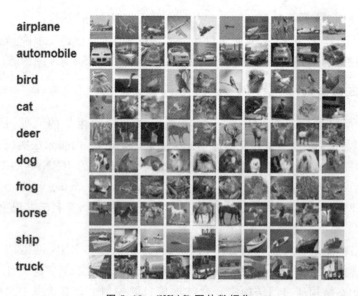

图 8.10 CIFAR 图片数据集

（50000 张训练图片，10000 张测试图片）。数据集已经打包为文件，分别是 Python、Matlab、二进制 bin 格式。

1. 数据显示

可以编写代码显示图片，下列代码用于显示测试集中的一张图片：

```
import numpy as np
filename= './data/test_batch.bin'              # 文件保存路径
bytestream= open(filename,'rb')                # 打开文件
buf= bytestream.read()
bytestream.close()
data= np.frombuffer(buf,dtype= np.uint8)        # 将 buf 转为 1 维的无符号整型
(unit8)数组
data= data.reshape(10000,1+ 32* 32* 3)          # 将 data 转为 10000* 3073 的多
维数组
label_images = np.hsplit(data,[1])              # 将 data 拆分成两个数组，
10000* 1和10000* 3072
labels= label_images[0].reshape(10000)
images= label_images[1].reshape(10000,32,32,3)
img= np.reshape(images[1],(3,32,32))            # 取第二张图片的数据,索引为 1
img= img.transpose(1,2,0)                       # 矩阵转置
import pylab
print(labels[1])                                # 显示图片类别,为数字 0~9,这里
显示的是第二张图片的类别
pylab.imshow(img)
pylab.show()                                    # 显示图片
```

2. 数据预处理

读取 CIFAR 数据集，首先定义每次读取的块大小，使用 cifar10_input 模块中的 distorted_inputs() 函数和 inputs() 函数分别读取保存在本地文件的训练集和测试集，返回封装好的张量。distorted_inputs() 函数对数据进行了数据增强，包括随机的水平翻转、随机剪切一块 24×24 的图片、设置随机亮度以及对数据进行标准化。然后创建一个 image_holder 占位符[batch_size,24,24,3]和 label_holder 占位符[batch_size]，该 image_holder 占位符表示每次批量输入的图像数据数量为 batch_size 张，每张图是[24,24,3]的张量。

读取数据及定义占位符的代码如下：

```
import cifar10_input
batch_size= 128          # 批量处理数量
data_dir= './data'       # 数据所在路径
# distorted_inputs()函数对数据进行了数据增强
images_train,labels_train= cifar10_input.distorted_inputs(data_dir=
data_dir,batch_size= batch_size)
# 读取测试集数据,裁剪图片正中间的 24* 24 大小的区块并进行数据标准化操作
images_test,labels_test= cifar10_input.inputs(eval_data= True,data_dir
= data_dir,batch_size= batch_size)
```

```
image_holder= tf.placeholder(tf.float32,[batch_size,24,24,3])
# 返回[128,24,24,3]的张量
label_holder= tf.placeholder(tf.int32,[batch_size])
```

3. 搭建模型

模型需要设置权重和偏置量,它们被统一称为学习参数。所以在创建卷积层前,首先要定义 variable_with_weight_loss()函数,来初始化学习参数。代码如下:

```
# 初始化函数,通过 w1 参数控制 L2 正则化大小
def variable_with_weight_loss(shape,stddev,wl):
    var= tf.Variable(tf.truncated_normal(shape,stddev= stddev))
    # 定义学习参数
    if wl is not None:
    # L2 正则化可用 tf.contrib.layers.l2_regularizer(lambda)(w)实现,自带正则化参数
        weight_loss= tf.multiply(tf.nn.l2_loss(var),wl,name= 'weight_loss')
        tf.add_to_collection('losses',weight_loss)
    return var
```

创建第一个卷积层,卷积核尺寸为 5×5,3 个颜色通道,卷积核深度为 64,weight 标准差初始化为 0.05,wl 为 0,表示不对第一层卷积层的 weight 进行 L2 正则化处理。在 ReLU 激活函数之后,采用一个 3×3 步长为 2×2 的池化核进行最大池化处理,最大池化尺寸和步长不一致可以增加数据的丰富性。随后使用 tf.nn.lrn()函数对结果进行局部响应标准化处理,目的是防止数据过拟合。用相似的步骤创建第二层卷积层。

```
# 卷积层 1,不对权重进行正则化
weight1= variable_with_weight_loss([5,5,3,64],stddev= 5e- 2,wl= 0.0)
# 0.05
# 卷积函数,第一个参数指需要做卷积的图像 Tensor,strides 参数是卷积时在图像每一维
的步长,函数结果为返回一个 Tensor
kernel1= tf.nn.conv2d(image_holder,weight1,
                strides= [1,1,1,1],padding= 'SAME')
bias1= tf.Variable(tf.constant(0.0,shape= [64]))    # 定义偏置量为 bias1
conv1= tf.nn.relu(tf.nn.bias_add(kernel1,bias1))    # 计算激活函数,将 bias1
加到 kernel1
pool1= tf.nn.max_pool(conv1,ksize= [1,3,3,1],
                strides= [1,2,2,1],padding= 'SAME')   # 最大池化操作
# 局部响应归一化,返回张量 Tensor
norm1= tf.nn.lrn(pool1,4,bias= 1.0,alpha= 0.001/9.0,beta= 0.75)

# 卷积层 2
weight2= variable_with_weight_loss([5,5,64,64],stddev= 5e- 2,wl= 0.0)
kernel2= tf.nn.conv2d(norm1,weight2,strides= [1,1,1,1],padding= 'SAME')
bias2= tf.Variable(tf.constant(0.1,shape= [64]))
conv2= tf.nn.relu(tf.nn.bias_add(kernel2,bias2))
```

```
norm2= tf.nn.lrn(conv2,4,bias= 1.0,alpha= 0.001/9.0,beta= 0.75)
pool2= tf.nn.max_pool(norm2,ksize= [1,3,3,1],
                    strides= [1,2,2,1],padding= 'SAME')
```

在两个卷积层后使用三个全连接层,首先将卷积层的输出样本数据都转为一维向量,获取每个样本数据的长度后,将其作为全连接层的输入单元数,输出单元数设为 384。定义全连接层学习参数,初始化 variable_with_weight_loss()函数,并设置 L2 正则化系数 wl 为 0.004,防止全连接层过拟合。类似地,接下来分别再定义两全连接层,隐节点减少一半,为 192;最后将一个全连接层的隐单元个数设置为分类数 10。定义全连接层的代码如下:

```
# 全连接层 1
reshape= tf.reshape(pool2,[batch_size,- 1])              # 将每个样本
reshape 设为一维向量
dim= reshape.get_shape()[1].value          # 取每个样本的长度
weight3= variable_with_weight_loss([dim,384],stddev= 0.04,wl= 0.004)
# 对权重进行正则化
bias3= tf.Variable(tf.constant(0.1,shape= [384]))          # 定义偏置量
local3= tf.nn.relu(tf.matmul(reshape,weight3)+ bias3)   # 激活函数的参数
是 reshape 与 weight3 相乘,再加上 bias3 的 Tensor
# 全连接层 2
weight4= variable_with_weight_loss([384,192],stddev= 0.04,wl= 0.004)
bias4= tf.Variable(tf.constant(0.1,shape= [192]))
local4= tf.nn.relu(tf.matmul(local3,weight4)+ bias4)
# 全连接层 3
weight5= variable_with_weight_loss([192,10],stddev= 1/192.0,wl= 0.0)
bias5= tf.Variable(tf.constant(0.0,shape= [10]))
logits= tf.matmul(local4,weight5)+ bias5
```

构建 CNN 的损失函数 loss(),TensorFlow 中的 tf.add_n()函数可以将名为 losses 的 collection 中的全部 loss 求和,得到最终的总的损失值,然后定义优化器,定义计算 Top-K 准确率的操作。

```
def loss(logits,labels):
    labels= tf.cast(labels,tf.int64)   # 类型转换函数,确保将 labels 转为整型
    # 交叉熵函数,用于刻画预测值与真实值的差距
    cross_entropy= tf.nn.sparse_softmax_cross_entropy_with_logits(
        logits= logits,labels= labels,name= 'cross_entropy_per_example')
    # 对 cross_entropy 取均值
    cross_entropy_mean= tf.reduce_mean(cross_entropy,name= 'cross_entropy')
    tf.add_to_collection('losses',cross_entropy_mean)
    # 把 cross_entropy_mean 放入一个集合
    return tf.add_n(tf.get_collection('losses'),name= 'total_loss')   # 对集
合中的值求和
```

```
loss= loss(logits,label_holder)                          # 定义 loss
train_op= tf.train.AdamOptimizer(1e- 3).minimize(loss)   # 定义优化器
top_k_op= tf.nn.in_top_k(logits,label_holder,1)
```

4. 迭代训练模型

在开始训练模型前,先定义与训练相关的参数。如定义 max_steps 为 3000,代表把整个训练样本迭代 3000 次,参数定义好后,启动一个 Session 就可以开始训练了,Session 中有两个 run,第一个 run 是运行初始化,第二个 run 是运行具体的运算模型。

```
max_steps= 3000                                  # 最大迭代轮数
sess= tf.InteractiveSession()                    # 定义会话并开始迭代训练
tf.global_variables_initializer().run()
# 启动图片数据增强的线程队列
tf.train.start_queue_runners()
# 迭代训练
for step in range(max_steps):
    start_time= time.time()
    image_batch,label_batch= sess.run([images_train,labels_train])  # 获取训练数据
    _,loss_value= sess.run([train_op,loss],
                             feed_dict= {image_holder:image_batch,
                                  label_holder:label_batch})
    duration= time.time()- start_time            # 计算每次迭代需要的时间
    if step % 10== 0:
        examples_per_sec= batch_size/duration    # 每秒处理的样本数
        sec_per_batch= float(duration)           # 每批需要的时间
        format_str= ('step % d,loss= % .2f(% .1f examples/sec;% .3f sec/batch)')
        # 将模型运算的状态打印出来
        print(format_str % (step,loss_value,examples_per_sec,sec_per_batch))
```

执行上面的代码,会输出如下信息:

```
step 0,loss= 4.68(42.2 examples/sec;3.036 sec/batch)
step 10,loss= 3.77(150.4 examples/sec;0.851 sec/batch)
step 20,loss= 3.19(172.6 examples/sec;0.742 sec/batch)
step 30,loss= 2.84(176.7 examples/sec;0.724 sec/batch)
step 40,loss= 2.48(132.4 examples/sec;0.967 sec/batch)
step 50,loss= 2.41(153.8 examples/sec;0.832 sec/batch)
step 60,loss= 2.24(155.8 examples/sec;0.822 sec/batch)
step 70,loss= 2.17(141.7 examples/sec;0.903 sec/batch)
step 80,loss= 2.14(184.2 examples/sec;0.695 sec/batch)
step 90,loss= 1.93(136.0 examples/sec;0.941 sec/batch)
step 100,loss= 2.07(146.2 examples/sec;0.875 sec/batch)
```

5. 模型评估

使用测试数据集测试训练后的模型。定义一些基本的变量,如测试集大小 num_examples、迭代次数 num_iter 等,就可以在测试数据上测评神经网络模型的准确率。

```
# 在测试集上测评准确率
num_examples= 10000
import math
num_iter= int(math.ceil(num_examples/batch_size))
true_count= 0
total_sample_count= num_iter* batch_size
step= 0
# 统计预测类别与真实类别的比例
while step <  num_iter:
    image_batch,label_batch= sess.run([images_test,labels_test])
    predictions= sess.run([top_k_op],
                        feed_dict= {image_holder:image_batch,
                            label_holder:label_batch})
    true_count+ = np.sum(predictions)
    step+ = 1

precision= true_count/total_sample_count
print('precision @ 1= % .3f'% precision)  # 输出模型的分类准确率
```

运行以上程序,输出模型在测试数据集上的分类准确率为 71.3%。

8.6　TensorFlow 的基本用法

1. TensorFlow 的 tensor 类型

可以通过 pip 命令安装 TensorFlow:

```
pip install- - upgrade tensorflow
```

TensorFlow 中使用 Tensor(张量)数据结构来表示数据,计算图传递的数据都是 Tensor。可以把 Tensor 看作一个 n 维的数组或列表,每个 Tensor 中包含了类型(type)、阶(rank)和形状(shape)。Tensor 类型有 32 位浮点数(tf. float32)、64 位有符号整型(tf. int64)等。阶指的是张量的维数,但张量的阶和矩阵的阶并不是同一个概念。例如,对于 3 阶矩阵 a=[[1,2,3],[4,5,6],[7,8,9]],在张量中的阶数为 2 阶(因为它有两层中括号)。形状用于描述张量内部的组织关系。形状可以通过 Python 的整数列表或元组来表示,也可以用 TensorFlow 中的相关形状函数来表示。

张量的相关操作包括类型转换、数值操作、形状变换和数据操作。张量在 TensorFlow 中的实现并不是直接采用数组的形式,它只是对 TensorFlow 中运算结果的引用。在张量中没有真正保存数字,它保存的是如何得到这些数字的计算过程。以向量加法为例,当运行如下代码时,并不会得到加法的结果,而是得到对结果的一个引用。

```
import tensorflow as tf
# tf.constant 是一个计算,这个计算的结果为一个张量,保存在变量 a 中
a= tf.constant([1.0,2.0],name= 'a')
b= tf.constant([2.0,3.0],name= 'a')
result= tf.add(a,b,name= 'add')
print(result)
```

输出为:

```
Tensor("add:0",shape= (2,),dtype= float32)
```

可以看出,TensorFlow 中的张量和 Numpy 中的数组不同,TensorFlow 计算的结果不是一个具体的数字,而是一个张量的结构。

2. TensorFlow 中的会话(Session)

前面介绍了 TensorFlow 是如何组织数据和进行运算的,下面介绍如何使用会话来执行已经定义的运算。会话拥有并管理 TensorFlow 程序运行时的所有资源。所有计算完成之后需要关闭会话来帮助系统回收资源,否则就可能出现资源泄露的问题。TensorFlow 中可使用的会话模式有两种,第一种模式需要明确调用会话生成函数和关闭会话函数,这种模式的代码流程如下:

```
# 创建一个会话
sess= tf.Session()
# 使用这个创建好的会话来得到运算结果
sess.run(...)
# 关闭会话使得本次运行中使用到的资源被释放
sess.close()
```

另外一个模式是防止程序因异常退出时,关闭会话函数可能不会被执行从而导致资源泄露。TensorFlow 可以通过 Python 的上下文管理器来使用会话,代码如下:

```
# 创建一个会话,并通过 Python 中的上下文管理器来管理这个会话
with tf.Session() as sess:
    sess.run()
```

通过 Python 上下文管理器机制,只要将所有的计算放在 with 的内部就可以。当上下文管理器退出时会自动释放所有资源。这样既解决了异常退出时资源释放的问题,同时也解决了忘记调用 Session. close()函数而产生的资源泄露。

3. TensorFlow 中的激活函数和损失函数

激活函数提供神经网络的非线性建模能力,解决线性不可分的问题,增强模型的表达能力。常用的激活函数有 tf. sigmoid(x, name)、tf. tanh(x, name)、tf. nn. relu(features, name)。tf. sigmoid(x, name＝None)用于计算 x 的 sigmoid 值,其返回值位于[0,1]区间。tf. tanh(x, name＝None)用于计算 x 的 tanh 值,与 tf. sigmoid()函数非常相似,它们具有相似的优缺点,其返回的值在[-1,1]区间。tf. nn. relu(features, name)用于计算 features 的 ReLU 值,能把输入张量中的所有负数都归一化为 0,正数不变,其返回值位于[0,∞]区间。相对于 sigmoid()和 tanh()函数,ReLU()函数对于 SGD(随机梯度下降算法)的收敛有巨大的加速作用,有效地缓解了梯度消失的问题,同时 ReLU()函数只需要一个阈值就可以得到激活值,无须计算复杂的指数运算。

　　损失函数用于描述模型预测值与真实值的差距大小。一般有两种比较常见的算法,均值平方差(MSE)和交叉熵。损失函数的选取取决于输入标签数据的类型,如果输入的是实数、无界的值,损失函数使用均值平方差;如果输入的是分类标志,使用交叉熵会更合适。

　　对于实现均值平方差函数,在 TensorFlow 中可以写成 MSE = tf. reduce_mean(tf. square(logits_targets)),函数中的 logits 代表预测值,targets 代表真实值。在 TensorFlow 中常见的交叉熵函数有:Sigmoid 交叉熵、softmax 交叉熵、Sparse 交叉熵以及加权 Sigmoid 交叉熵。tf. nn. sigmoid_cross_entropy_with_logits(logits,labels,name = None)用于计算 logits 和 labels 的交叉熵(二分类),输入的 logits 和 labels 必须有相同的 shape 以及数据类型;tf. nn. weighted_cross_entropy_with_logits(logits,targets,pos_weight,name = None)与 tf. nn. sigmoid_cross_entropy_with_logits()的功能类似,区别在于其在交叉熵的基础上给第一项乘了一个系数(加权),可增加或减少正样本在计算交叉熵时的损失值。tf. nn. softmax_cross_entropy_with_logits(logits,labels)用于计算 logits 和 labels 的 softmax 交叉熵(多分类),输入的 logits 和 labels 必须有相同的 shape 以及数据类型。tf. nn. sparse_softmax_cross_entropy_with_logits(logits,labels)与 softmax_cross_entropy_with_logits 的功能一样,区别在于其样本真实值(labels)不需要 one-hot 编码。

　　4. 梯度下降函数

　　梯度下降法是一个最优化算法,在训练过程中,每次的正向传播都会得到输出值与真实值的损失值,这个损失值越小,代表模型越好。梯度下降法可用于寻找最小的损失值,从而可以借此反推出对应的学习参数 b 和 ω,达到优化模型的效果。

　　在 TensorFlow 中通过 Optimizer 优化器进行训练优化。对于不同的算法优化器,在 TensorFlow 中会有不同的类。tf. train. GradientDescentOptimizer(learning_rate,use_locking = False,name = 'GradientDescent')函数为一般梯度下降算法的 Optimizer,其中的 learning_rate 为学习率。

　　示例代码如下:

```
tf.train.AdamOptimizer(learning_rate= 0.001,beta1= 0.9,beta2= 0.999,
epsilon= 1e- 08,use_locking= False,name= 'Adam').
```

　　5. 在 TensorFlow 中构建卷积神经网络

　　实现卷积神经网络需要创建很多权重和偏置,可以通过以下简单的函数进行创建:

```
def weight_variable(shape):
    initial= tf.truncated_normal(shape,stddev= 0.1)    # 标准差为 0.1 的截断
正态分布
    return tf.Variable(initial)

def bias_variable(value,shape):
    # 如 shape= [2,3]表示值全为 0.1 的 2* 3 矩阵
    initial= tf.constant(value= 0.1,shape= shape)
    return tf.Variable(initial)
```

　　tf. nn. in_top_k(predictions,targets,k,name = None)函数用于计算预测结果和实际结果是否相等,返回一个 bool 类型的张量。参数 predictions 表示预测的结果,其大小是预测样本的数量乘以输出的维度,类型为 tf. float32。targets 是实际的样本类别标签。k 表示每

个样本的预测结果的前 k 个最大的数,一般都是取 1,即将预测最大概率的索引与标签对比。

卷积层、池化层需要重复使用,这里的 tf. nn. conv2d(input,filter,strides,padding)是 TensorFlow 中的 2 维卷积函数,参数如下。

input:指需要做卷积的输入的图像,它要求是一个 Tensor,具有[batch,height,width,in_channels]这样的形状,其中,batch 为图像数量,height 为图像高度,width 为图像宽度,in_channels 为图像通道数,Tensor 的类型要求是 float32 或 float64。

filter:表示卷积核,它要求是一个 Tensor,具有[filter_height,filter_width,in_channels,out_channels]这样的形状,比如[5,5,3,32],前面两个数字代表卷积核的尺寸,第三个数字代表输入有多少个 channel,灰度单色图片是 1,彩色的 RGB 图片是 3,最后一个代表卷积核的数量,也就是这个卷积层会提取多少类的特征。

strides:代表卷积操作在图像每一维移动的步长,要求为一个一维张量,长度为 4。

padding:定义元素边框与元素内容之间的空间。可以取"VALID"或者"SAME",这个值决定了不同的卷积公式,padding 的值为"VALID"时,表示边缘不填充,当其为"SAME"时,让卷积的输入和输出保持一样的尺寸。

卷积函数返回一个 Tensor,类型不变。卷积的主要目的是提取特征。

tf. nn. max_pool(value,ksize,strides,padding)、tf. nn. avg_pool(value,ksize,strides,padding)是 TensorFlow 中的两个常用池化函数。其参数和卷积参数类似,具体说明如下。

value:要求形状为[batch,height,width,channels]的 Tensor。

ksize:池化窗口的大小,要求是 4 个整数的列表或元祖,一般是[1,height,width,1],因为不在 batch 和 channels 上做池化,所以这两个维度设为 1。

strides:代表窗口在每一个维度上滑动的步长,要求是 4 个整数的列表或元祖,一般为[1,stride,stride,1]。

padding:和卷积参数的含义一样,也是取 VALID 或者 SAME。

池化函数返回一个 Tensor,类型不变。池化的主要目的是降维,即在保持原有特征的基础上最大限度地将特征维度变小。

[1] 廖芹,郝志峰,陈志宏. 数据挖掘与数学建模[M]. 北京:国防工业出版社,2010.

[2] 杨虎. 数理统计[M]. 北京:高等教育出版社,2004.

[3] 王济川,郭志刚. Logistic 回归模型——方法与应用[M]. 北京:高等教育出版社,2001.

[4] 何晓群,刘文卿. 应用回归分析[M]. 北京:中国人民大学出版社,2001.

[5] 案例数据集:波士顿房价数据集 https://www.kaggle.com/c/boston-housing.

[6] 案例数据集:鸢尾花数据集 http://archive.ics.uci.edu/ml/datasets/Iris.

[7] Jiawei Han,Micheline Kamber. 数据挖掘概念与技术[M]. 范明,孟小峰,译. 北京:机械工业出版社,2007.

[8] 案例数据集:商品购买记录数据集 https://download.csdn.net/download/sanqima/9301589.

[9] 案例数据集:电影评分数据集 https://grouplens.org/datasets/movielens/.

[10] 马少平,朱小燕. 人工智能[M]. 北京:清华大学出版社,2004.

[11] Margaret H. Dunham. 数据挖掘教程[M]. 郭崇慧,田凤占,等,译. 北京:清华大学出版社,2005.

[12] 关晓蕾. 基于决策树的分类算法研究[D]. 山西大学,2006.

[13] 王威. 基于决策树的数据挖掘算法优化研究[D]. 西南交通大学,2005.

[14] 史忠植. 知识发现[M]. 北京:清华大学出版社,2000:1-56.

[15] 史忠植. 高级人工智能[M]. 北京:科学出版社,1998:1-21.

[16] (澳)Robert Layton. Python 数据挖掘入门与实践[M]. 杜春晓,译. 北京:人民邮电出版社,2016.

[17] 案例数据集:泰坦尼克号数据集 https://www.kaggle.com/c/titanic/data.

[18] 案例数据集:乳腺癌数据集 http://archive.ics.uci.edu/ml/machine-learning-databases/breast-cancer-wisconsin/.

[19] 刘波. 基于支撑向量机的模式分类算法研究[D]. 华南理工大学,2008.

[20] 吴广潮. 基于聚类特征树的大规模分类算法研究[D]. 华南理工大学,2012.

[21] 林志勇. 基于核方法的不平衡数据学习[D]. 华南理工大学,2009.

[22] 案例数据集:新闻文本数据集 http://www.sogou.com/labs/resource/cs.php.

[23] 陈波. 贝叶斯网络分类器结构与参数分步在线学习[D]. 华南理工大学,2008.

[24] 陈望宇. 基于遗传算法的贝叶斯网络自适应知识建立与推理研究[D]. 华南理工大学,2009.

［25］ 刘晋中. 贝叶斯网络学习算法研究［D］. 华南理工大学,2009.

［26］ 杨纶标,高英仪,等. 模糊数学原理及应用［M］. 广州:华南理工大学出版社,1993:5-59.

［27］ B. Chen, Q. Liao, Z. Tang. A Clustering Based Bayesian Network Classifier［J］. International Conference on Fuzzy Systems and Knowledge Discovery,2007,8:24-27.

［28］ W. Chen, Q. Liao. Research on Bayesian Network Adaptive Knowledge Construction and Inference Based on Genetic Algorithm［J］. International Conference on Natural Computation,2008,6:315-319.

［29］ J. LIU, Q. Liao. Online Learning of Bayesian Network Parameters［J］. International Conference on Natural Computation,2008,3:267-271.

［30］ 案例数据集:垃圾邮件分类数据集 http://archive.ics.uci.edu/ml/datasets/SMS＋Spam＋Collection.

［31］ A. Krizhevsky, I. Sutskever, G. E. Hinton. ImageNet classification with deep convolutional neural networks［J］. International Conference on Neural Information Processing Systems,2012,60(2):1097-1105.

［32］ 李金洪. 深度学习之 TensorFlow 入门、原理与进阶实战［M］. 北京:机械工业出版社,2018.

［33］ 案例数据集:CIFAR 图片分类数据集 http://www.cs.toronto.edu/~kriz/cifar.html.